生成AI ノーコードツールで スキルアップ

稼げるWebデザイナー

濱口まさみつ
Masamitsu Hamaguchi

日本実業出版社

いい
Webデザイナーって
どんな
デザイナーだろう?
センスが
いい?
スキルが
高い?
それも
あるけど……

「稼げる」
Webデザイナー
になりたい！
本書はそんな気持ちを持って
がんばっている人のための本です。

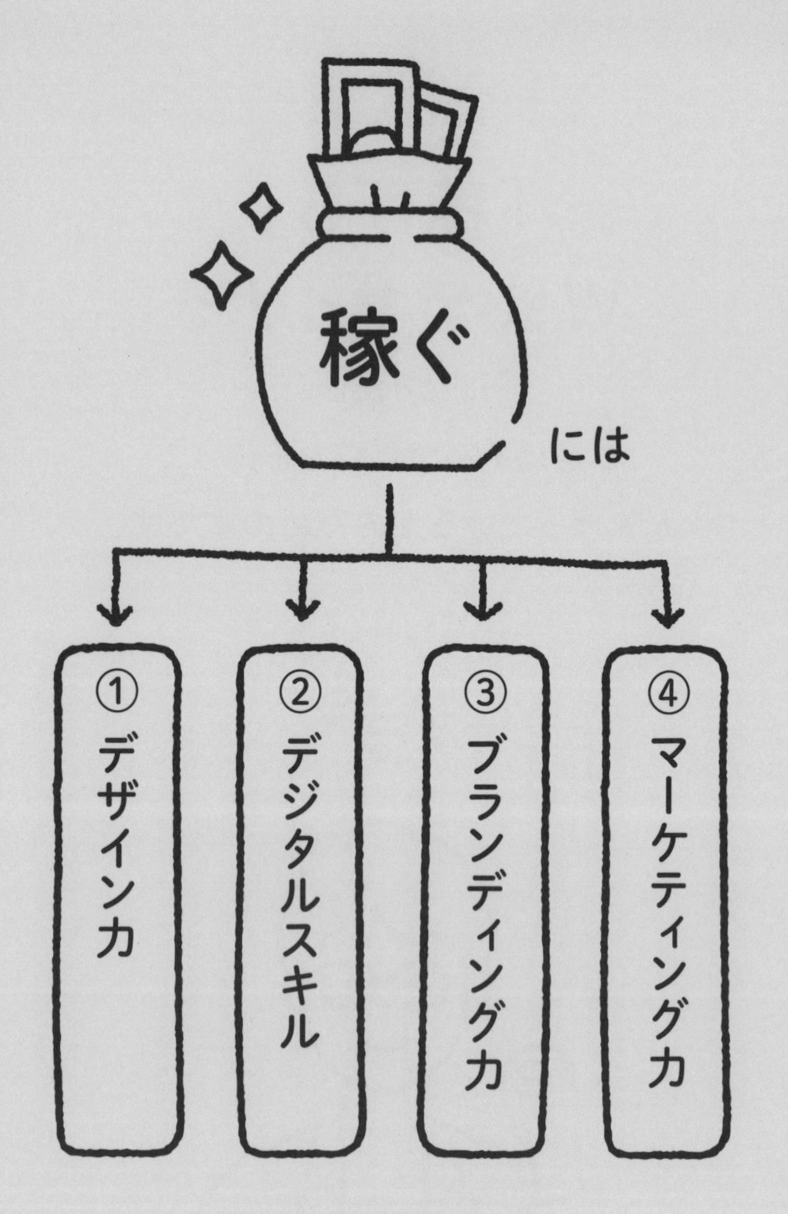

4つの力が必要です。

「なんだか難しそう」って思いましたか？

大丈夫。

最初はわたしもそう思っていました。

Webデザイナーになる前、

わたしは普通のサラリーマンでした。

労働時間は長いのにお給料は少ない。

好きな仕事でもなくて、モチベーションが上がらない。

そんな毎日に終わりを告げたくて、

まずは副業でWebデザインをはじめました。

最初からうまくいったわけではありません。

デザインセンスが足りないと嘆いたり、

クライアントのニーズを読みとれなかったり、

案件を獲得できなくて

くやしい思いをすることもありました。

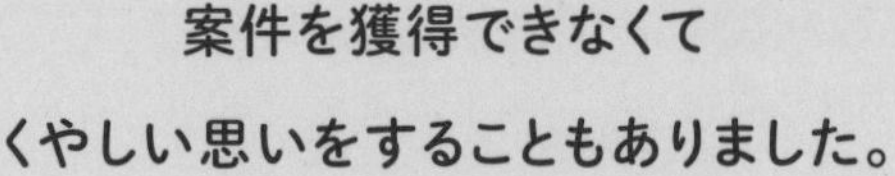

そういったくやしい思いや力不足を、

１つひとつ解決し、

だんだん自分が描いた通りのWebデザイナーとして

活動ができるようになり、独立し、

Webデザイナーを養成するオンラインスクールを

運営するようになりました。

オンラインスクールをはじめてから、

昔のわたしと同じように

思ったようには稼げなくて、

うまくいかなくて、くやしい思いをしている人に

たくさん出会うようになりました。

みんな、最初はとても不安そうです。

でも、4つの力を短期間で伸ばすことで、

みるみる悩みが解決し、案件を獲得でき、

「自分が思った通りに」

活躍できるようになります。

思った通りに仕事が獲れ、
稼げるようになってくると
あなたはだんだん、
いろいろなくやしさ・かなしさから解放されます。

好きじゃない仕事に忙殺されて人間らしく生きられない。
その割に収入は十分ではない。
副業をはじめてみたけど案件が獲得できず、
Photoshopのサブスク代だけが消えていく。
そんな毎日とはお別れしましょう。

この本で紹介するほんの少しの工夫で
4つの力を伸ばせば、
自由に働き、希望通りの収入を得て、
人生がきっと楽しくなります。

さあ、
自分の思い通りに
「稼げる」
Webデザイナー
になりましょう。

稼げるWebデザイナーは何がちがう？

本書を手にとったということは、あなたはすでにWebデザイナーとして活動をはじめているかもしれませんし、これからWebデザイナーを目指しているかもしれません。

いずれにせよ、**「稼げるデザイナーになるにはどうすればいいのか？」「なぜ自分は思うように案件が増えないんだろう？」「どうすればもっと収益を上げられるのか？」といった悩みをお持ちではないでしょうか。本書は、そういった方に向けて書いたものです。**

わたし自身、まずは副業からWebデザイナーをはじめて、のちにフリーランスになりました。いまはWebデザイナーを育成するオンラインスクールを運営し、これまでにのべ2000人ほどの方々を育ててきました。

オンラインスクールの生徒さんはもちろんのこと、オンラインスクールでお伝えしていることをまとめた入門書『いきなりWebデザイナー』という本を以前に出版していますが、その本の読者の方からも「基礎技術が学べ、Webデザイナーとしての一歩を踏み出せた」「目標の設定の仕方やモチベーションの保ち方がわかった」と好評をいただいています。オンラインスクールや書籍を通して副業Webデザイナーとして成功する方々が増えるのは、とても嬉しいことです。

一方で、「Webデザイナーをはじめてみたものの、多くの課題に直面してしまい、思ったようには収入を得られていない」という話もよく聞きます。多いのは、「安定した収入を得ることの難しさ」や「顧客との継続的な関係を築く大変さ」といった課題です。さらには「もっと稼げるようになるにはどうしたらいいのか」というシンプルな疑問も、多数いただいています。

このような要望に応えるため、わたしは本書を書くことにしたのです。

本書では、Webデザイナーという仕事をするうえで直面する課題に焦点を当て、「もっと稼げるWebデザイナー」になるための具体的な方法と実践的なスキルをお伝えします。

具体的には、みなさんが「もっと稼ぐ」ために必要な「4つの力」を「7つのステップ」で段階的に強化していこうと考えています。

もしあなたがWebデザイナーとしてすでに活動しており、「もっと収入を増やしたい」「顧客との関係を長く続けたい」「より多くの案件を獲得したい」と感じているなら、この本はまさにうってつけのガイドブックになるでしょう。デザインの制作だけでは終わらない、顧客にとって本当に満足のいく価値を提供するための知識とスキルを一緒に学んでいきましょう。

稼げるWebデザイナーの「4つの力」とは？

ところで、稼げるデザイナーと稼げないデザイナーの違いは一体何なのでしょうか？

それはズバリ**次の「4つの力」を持っているかどうか**であると、わたしは考えます。Webデザイナーのオンラインスクールを運営し、のべ2000人以上の生徒を見てきた結論です。

稼げるWebデザイナーになるための「4つの力」

- **デザイン力**
- **デジタルスキル**
- **ブランディング力**
- **マーケティング力**

順番に説明します。

「デザイン力」とはまさにデザイナーとしての「地肩」、デザイナーとして求められる基本的な能力です。この能力を養うために本書では模写や添削といった実践的な練習方法を紹介します。

しかし、これだけでは十分ではありません。**稼げるデザイナーは、デザインだけではなく「デジタルスキル」のアップデー**

トを頻繁に行なっています。特にWebデザインは技術の進歩が速いため、トレンドを理解し、時代に合ったデザインを提供するための自己学習が必要になります。

現在、特に注目を集めているのが**生成AIとノーコードツール**です。本書では、生成AIをどのように活用すればデザイン制作を効率化し、作業スピードを向上できるのか。ノーコードツールをどのように使ってタイムパフォーマンスをあげるのか、などをお伝えします。これらをうまく活用すれば、背景画像やイラスト制作、LP(ランディングページ)制作の時短化など、デザイナーにとってまるで魔法のようなツールとなるでしょう。

そして残りの2つが**「ブランディング力」と「マーケティング力」**です。稼げるデザイナーになるには、この2つの能力が特に大切になってきます。というのも、**わたしが見ていても、思ったように稼げない人は「自分の強みが何か」をわかっておらず、そのせいで売り込み先や売り込み方を間違えがちなのです。**「自分の強みが何か」を理解し、「正しく売り込む」にはこの2つの力が欠かせません。また、クライアントのニーズを正しく読み取り、期待通りの成果物を納品するという点からも、この2つの力は重要です。

たとえば、単に「かっこいいホームページをつくってほしい」という要望にも「かっこいいホームページでお客さんを惹きつけて売上をあげたい」というニーズが隠れているはずです。**「誰に(ターゲット)」「何を(価値提案)」「どのように(具体的手法)」提供するか。**この視点を持つだけで、あなたは「ただのデザイン業者」から「ビジネス成果に貢献するビジネスパートナー」へとレベルアップできます。

稼げるWebデザイナーへの7つのステップ

本書の目的は、あなたのデザイナーとしての「稼ぐ力」をアップさせることです。本書では前述の4つの力を次の7つのステップで伸ばしていきます。

それぞれのステップは、わたしの生徒さんの場合、1週間でクリアできる人も多くいます。

すべての力を鍛え直さずとも、苦手なところだけを10日、2週間と時間をかけてやり込んでもいいので、満遍なく1週間ずつでも7週間、苦手なところだけやり込むのなら4〜5週間あれば、稼げるWebデザイナーになるための力が大きく伸ばせます。

なお、「自分はどんな力が足りないのかさえわからない」という方は、24ページ以降のチェックリストで、自分の弱点を整理することもできます。

7つのステップを通じて、もっと稼げるWebデザイナーへと変身しましょう。

STEP 1　**現在地点と目標を明確にしよう**
STEP 2　**AI技術をきちんと活用して「基礎力」を高める**

STEP 3　デザイン模写と添削で「センス」を磨く
STEP 4　ノーコードツールを使って「たくさんつくる」で稼ぐ
STEP 5　ブランディング力を高めて顧客の心をつかもう
STEP 6　顧客を獲得する「提案書」のつくり方と使い方
STEP 7　稼げる「SNSアカウント運用」を覚えよう

ステップ1で現在地と向かうべき目標を明確にし、ステップ2から4ではデザイン力、ステップ5から7ではブランディング力とマーケティング力を高めるというプログラムです。この7つのステップを歩むことで、デザイン力とマーケティング力を1歩ずつ着実に身につけていきましょう。

本書でわたしが一貫してお伝えしたいのは、「デザイン制作だけで終わるデザイナーは、なかなか稼げない」という現実です。デザインをつくるだけでなく、クライアントの売上アップや宣伝効果といった具体的な成果を生み出し、ビジネスパートナーとして信頼を積み重ねていくことこそ、稼ぎを増やす近道なのです。**クライアントの成功を支える仕組みを取り入れれば、自然とあなたの評価も高まり、次の仕事へとつながっていくのです。**

「このデザイナーと一緒に仕事をすればきちんと売上アップ

につながる」
「この人はデザインだけではなく、マーケティング面でも頼りになる」
そう思ってもらえれば、クライアントからの口コミや紹介で新しい仕事のチャンスが広がります。すると、ビジネスのよい流れが生まれ、より大きなプロジェクトに挑戦できるようになります。その結果、単価も上がり、収入を増やしやすくなるのです。

本書では、クライアントの成果を最大化しつつ、自分の収益も伸ばせる「稼ぐ力」を鍛えるためのノウハウを、わたし自身の経験と実践をもとに詳しく解説しています。本書を活用することで、あなたも次のステージへと飛躍できるはずです。読み終えたときには、「自分ができること」と「クライアントにどう貢献できるか」を明確に言語化し、それを効果的に伝えられるようになっているでしょう。

CONTENTS

STEP 03 デザイン模写と添削で「センス」を磨く

CONTENTS

STEP 04 ノーコードツールを使って「たくさんつくる」で稼ぐ

STEP 05 ブランディング力を高めて顧客の心をつかもう

CONTENTS

STEP 06 顧客を獲得する「提案書」のつくり方と使い方

STEP 07 稼げる「SNSアカウント運用」を覚えよう

装幀：装幀新井（新井大輔）

カバーイラスト：髙柳浩太郎

本文デザイン・イラスト・DTP：ナカミツデザイン

STEP
01

現在地点と目標を明確にしよう

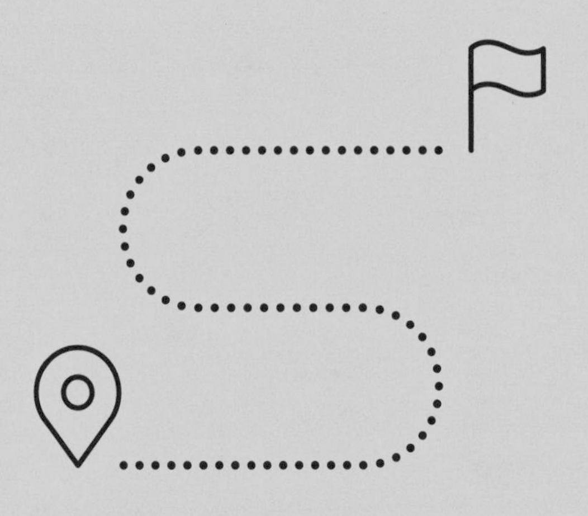

現在地を確認する

「稼ぐ」という目標に向かうためには、まず自分の現在地を正しく把握する必要があります。いまの自分はどのレベルにいるのか、どんなスキルを持っているのか、一度整理してみましょう。**具体的に、自分の強みと弱みをリストアップし、どこに成長の余地があるのかを明確にします。そうすることで、何を学ぶべきか、どの方向に進むべきかがはっきりと見えてきます。**

いまの自分に足りないものは何でしょうか？

自分の期待より稼げていないというときには、いくつかの理由が考えられます。

わたしがオンラインスクールの生徒さんを見ていて感じるのは、たとえば、次のようなスキルや力の不足です。

□デザインスキルの不足
□新しいテクノロジーへの理解不足
□ブランディング力不足
□マーケティング・売り込み力不足
□目標設定スキルの不足

ここにあげたスキルはほんの一例ですが、「なかなかうまくいかない」という人は、なんらかのスキルが足りていない可能性が高いです。

とはいえ、自分にどんなスキルが不足しているのか、わからないかもしれません。

Webデザイナーは基本的にフリーランスや副業の方が多い仕事です。スクールに在籍している、スクール時代の仲間と連絡をとりあっている、同業者とこまめにコミュニケーションしている、などでもなければ、自分のスキルが他人と比べて高いのか低いのか、把握するのは難しいのです。

そこで、次の項目で、現状のスキル・実力を確認するチェックリストを公開しています。

チェックリストで具体的にどのスキルが不足しているのかを明確にすれば、次に何を学ぶべきかがわかり、効率よく成長できます。

デザインの基本は身についていますか？

よくあるのが、「思うように稼げない＝Photoshopのスキル不足」と考えてしまうことです。しかし、これは間違いです。

Photoshopの基本操作、つまり画像編集ツールの使い方やレイヤー操作、基本的なフィルターの適用方法などは、実践で使っていくうちに勝手に覚えるものです。ですから、これらのスキルが足りないから稼げないわけではありません。

もちろん、これらの基礎をしっかり身につけることは、応用力を高めるための重要な土台となりますが、「習うより慣れろ」の精神で、使いながら覚えていけばいいのです。

多くの場合に足りていないのが、デザインスキル、そのなかでもデザインの良し悪しを判断する力、センスです。もちろん、その力は一朝一夕に身につくものではないので、本書でもステップ3で「模写」を通じて底上げする方法を紹介しています。

ここではまず、自分のデザインに偏りや不足がないか、チェックリストを活用して弱点を見つけましょう。

□タイトルがはっきり見えるか？
□色数が多すぎないか？

- □意図していない原色が入っていないか？
- □情報の量：要素の数が多すぎないか？
- □情報の質：意図しないところが目立っていたり、見せたいところが沈んでいないか？
- □キャッチコピーより、背景の写真が目立っていないか？
- □あしらいが多くて情報が伝わらない
- □色やフォントサイズにコントラストがなく、ぼんやりしたデザインになっていないか？
- □デザイン全体の方向性が注文内容と合っているか？
- □トンマナ（トーン＆マナー。デザインの雰囲気）が統一されているか（まとまりがあるか）？

これらの項目ができていないということは、デザインの基礎ができていないということです。**基礎ができていないデザイナーのつくるバナーやLPと、基礎がしっかりしているデザイナーのそれは、やはり見た目に違いが出てきます。**

もちろん、デザインについても「習うより慣れろ」で、実践を重ねることで力がつきますから、すべて完璧にしないとWebデザイナーとして活躍できない、望む金額を稼げないわけではありません。

しかし、**「最低限、これくらいはできていたほうが稼げる」というラインを知っておき、自分のスキルをその程度には磨くこと、もしくはそれを超えていくよう努力することは大切です。**

テクノロジーの進化を キャッチアップできていますか？

テクノロジーは日々進化し、特にデジタルの分野では新しいツールが次々と登場し、頻繁にアップデートされています。生産性を維持するためには、最新技術につねに触れ、情報を収集し、スキルを磨き続けることが欠かせません。

近年では、**生成AI**や**ノーコードツール**を活用すれば、デザイン制作の効率が大幅に向上し、短時間で高品質な成果を得ることができます。

たとえば、Midjourneyのような画像生成AIを使えば、アイデアを素早く具体化でき、試行錯誤の時間を大幅に削減できます。また、生成AIの画像補完やノイズ除去機能を活用すれば、短時間で高品質な素材を仕上げることも可能です。

さらに、生成AIによる作業の自動化とノーコードツールを組み合わせることで、短時間でプロトタイプを作成し、そのままWebサイトやアプリとして表示できます。これにより、クライアントとの意思疎通がスムーズになり、デザインプロセス全体のスピードと精度が向上します。

デジタルツールの活用は、単なる効率化にとどまらず、新しいアイデアを迅速に実現するための重要な手段でもあります。

こうしたツールを積極的に取り入れて時間を節約することで、人間はよりクリエイティブな作業に集中できるのです。

生成AIやノーコードツールの詳しい内容はステップ2、ステップ4で扱っています。ここではとりあえず自分にデジタルツールの知識が不足していないかを確認しておきましょう。

□生成AIを使ったことがあるか？
□いろいろな生成AIごとの特徴を知っているか？
□キャッチコピーづくり、画像づくりなどに生成AIを取り入れているか？
□ノーコードツールを触ったことがあか？
□どのタイミングでどんなツールを使うべきかわかっているか？
□各種生成AIやノーコードツールを使ってタイムパフォーマンスを上げられているか？（使うことによって却って時間がかかっていないか？）

これらのスキルや知識が不足していると感じたら、ステップ2、4から読みはじめてください。

ブランディング・マーケティング力は持っていますか？

スキルとともに必要なのが、ブランディング力やマーケティング力、前述した自分を売り込む力です。

デザインスキルがいくらあっても、お客さま＝クライアントがいなければ商売としては成立しません。クライアントを増やすには、自分を売り込むことが必要です。

自分は何が得意なのか、何ができるのか、そして誰を顧客にしたいのか、顧客にしたい人はどの業界にいるのか。それらを整理し、自分の強みとターゲットを明確にするのがブランディング力で、自分が狙う業界では誰がどんなことに困っているのか、何を求めているのかを把握し、自分を売り込むのがマーケティング力です。

ブランディングに必要なのは**自己分析**と、その結果を整理してまとめた**ポートフォリオ**など、自分がどんな人間で何ができるかを示すツールで、マーケティングの実践に必要なのは**リサーチ力**と共に**提案書**です。これは両輪があってはじめてスムーズに回転していくもので、どちらか一方ではあまり意味をなしません。

ブランディング力についてはステップ5で、マーケティング力はステップ6で、またこれら2つの力を総合的に使った仕事の広げ方、より大きな金額を稼ぐ方法についてはステップ7で紹介します。

ここでは、自分にブランディング力とマーケティング力が足りているかどうかを確認してみましょう。

- □ターゲットが明確か？
- □ターゲットに合わせたデザインか？
- □クライアントのニーズを的確に理解できているか？
- □自分の強みを理解しているか？
- □自分を売り込むためのポートフォリオなどはつくってあるか？
- □クライアントはリピートしてくれるか？

これらの力が弱いと感じたら、ステップ5から読みはじめてください。

なぜ「稼げる」Webデザイナーになりたいのか？

わたしは仕事柄、オンライン上の出会いも含めると「Webデザイナーになりたい」という人たちにほとんど毎日会っています。そして実際にわたしのスクールを卒業し、Webデザイナーになる人たちも大勢見ています。

Webデザイナーになって、思い通りに稼ぎ活躍している人もいれば、うまくいかずに悩んでいる人もいます。

うまくいく人といかない人、その違いは何かと考えたとき、「なぜやりたいか」が明確かどうかではないかと気づきました。

Webデザイナーは職業であり、お金を稼ぐ手段の1つです。Webデザイナー以外にもお金を稼げる仕事はたくさんあります。

そのなかでなぜ、Webデザイナーを選んだのか？

質問すると、いろいろな答えが返ってきます。

たとえば、「自分で自由な発想、表現をしたいから」という方もいます。

子育て中の方なら、「子どもとの時間を大切したいから在宅でもできる仕事をしたい」という理由がとても多いです。

ほかにも「副業として夜や早朝に作業できる仕事をしたい」

とか、「人の役に立ちたい」とかいろいろですが、**根底に共通しているのは「好きなことを仕事にして、自由な働き方でお金を稼ぎたい」という気持ちです。**

でも、これらはその職業を「お金を稼ぐ手段」として選んだ理由にすぎません。

「それは手段を選んだ理由なので、そうではなく、"なぜ"お金を稼ぎたいのか、いくら稼いで何をしたいのかを教えてください」

と問いかけると、答えられない人が案外多いのです。

でも、**Webデザイナーとして活躍していくには、この理由、「稼ぐ動機」を明確にすることが非常に大切です。**

この動機は、将来のビジョンと言い換えてもいいでしょう。

「なりたい」の根本にある動機、将来のビジョンがはっきりしていないと、漠然と「稼ぎたいのに稼げなかった」と意気消沈してしまうし、「どうやって稼いだらいいかわからない」と途方に暮れてしまうのです。いくら稼ぎたいのか、なぜ稼ぎたいのか、将来どうなりたいのか、「なぜやりたいか」を確認しながらやっていくことで将来のビジョンが描け、努力ができていきます。

「なぜやりたいか」が抜けていると漠然とお金を稼ぎたい、でも稼げない、という無限ループに陥ってしまいます。

「なぜやりたいか」を明確にするには、「自分にとって本当に大切なものは何か」を知ることが近道です。

Webデザイナーという仕事を通じて、あなたが守りたいもの、大切にしたいものは何かを考えてください。

それはたとえば、お子さんの健やかな成長かもしれません。

だったら、お子さんが健やかに成長するためには何が必要でしょうか？　あなたとの時間であればそれは1日に何時間必要でしょうか？　ほしいものを買ってあげられる財力、十分な教育を受けさせる教育費が必要だというのなら、それは何歳までにどれくらい必要なのでしょうか？

このようにして考えていくと、

- **わたしはつねに子どもの成長を見守っていたいから、子どもが眠っている間に働きたい（1日に4時間）**
- **子どもの教育のためのお金を貯めたい（10年間で500万円）**

などと、具体的な「やりたいこと」が見えてきます。

やりたいこと、なりたい姿、ビジョンが整理できたら、次はどうすればそれができるか、「やるべきこと」を考えましょう。10年間で500万円なら、1年間では50万円稼げたらOKです。そうだとすると1カ月では5万円稼げたらお釣りがきますよね？1カ月5万円稼ぎたい場合、5000円のバナー制作なら10件こなす必要があります。LP制作なら1件案件を獲得できればいいかもしれません。

このように、やるべきことが明らかになってきます。

そうして働き方、稼ぎたい額をイメージできたら、目標達成のために必要なこと、足りていないものを獲得するために、「いま、できること」を整理し、実践していけばよいのです。

たとえば月に5万円稼ぎたいけど、現状は2万円しか稼げていない。なぜそうなっているのかといえば、案件が受注できていないから、と思っているとします。

それならオンライン交流会に参加するなどして案件を獲得する、リアルの友人知人に仕事がないか声をかける、などのアクションが考えられます。

このように、目標を設定して、やるべきことを明確にしていくことで、成果が上がってきます。

とはいえ、ここまでの説明だけだと、目標を明確にしてやるべきことを整理するのは難しいことのように感じる方もいるかもしれません。

そこで、次の項目から目標設定、目標達成のための具体的な方法を紹介します。

やるべきこと、目標をマンダラートで整理する

あなたはWebデザイナーになって、どれくらい稼ぎたいですか？　どんなWebデザイナーになりたいですか？

あなたがWebデザインという仕事を通して、叶えたい夢や目標はなんですか？

この、「自分の将来のビジョン」や「目標」を最初に整理するツールとしておすすめなのが、**「マンダラート」**です。

これは、マンダラチャートや曼荼羅シートとも呼ばれる碁盤の目のようなシートに目標を書き込み、達成するための具体的な行動を整理する手法です。MLBの大谷翔平選手が高校時代に活用していたことで有名になりました。

マンダラートの考え方は、「ゴールを先に決めて、そこから逆算してアクションを考える」というものです。この戦略を使えば、目標達成に向けて何をすべきかが明確になり、より効率的に行動できます。

マンダラートの書き方は次の通りです。

1 マス目の中心に大きな目標を設定する

2 その周囲にサブゴールや必要なステップを書き込む
3 中心のマス目に書いた目標やゴールを達成するためにするべきこと、できることを書き込む

このようにすることで目標を細分化し、具体的な行動を明確にできます。

また、サブゴールを達成するごとにマンダラートの一部を塗りつぶすことで進捗を視覚化でき、達成感を得ながら次のステップへのモチベーションを高める効果もあります。

たとえば、「副業で毎月5万円を稼ぐ」目標を立てたとします。その目標を３×３のマス目の中央に書きます。

	副業で 毎月5万円 稼ぐ	

中央のマス目に目標を書く

そして「目標達成のために何が必要か?」「いつ、どこで何をすればいいか?」「具体的にどんなステップがあるか?」を考え、具体的な手段をそのまわりに書いていきます。

ポイントは、具体的な行動に落とし込むことです。

たとえば、「案件を獲得する」だと漠然としてしまいます。月に5万円稼ぎたい。まずはバナーで稼ごう、と考えるのであれば、「月に10件、バナー制作案件を獲得する」ですとか、「新しい案件を獲得するために人脈をつくる」などの行動に落とし込むことで目標に対して自分が何をすべきかが明確になります。

健康に気をつける	制作の時間をつくる	月に1回案件を取る
人とのつながりをつくる	副業で毎月5万円稼ぐ	定期的に発信をする
子どもとの時間を楽しむ	知識を増やす	作品事例を増やす

真ん中の目的を達成するためにするべき行動をまわりに書き出す

マスを埋めていく過程では、自分が思い浮かべた「具体的な行動」が合っているかどうか不安になるかもしれません。とはいえ、そこは気にせず書いてください。

マンダラートへの書き出しには、目標を設定するという目的もあるので、まずは書き出すことが大切です。

書いたことが違っていると感じたら、その都度書き直せばいいだけです。

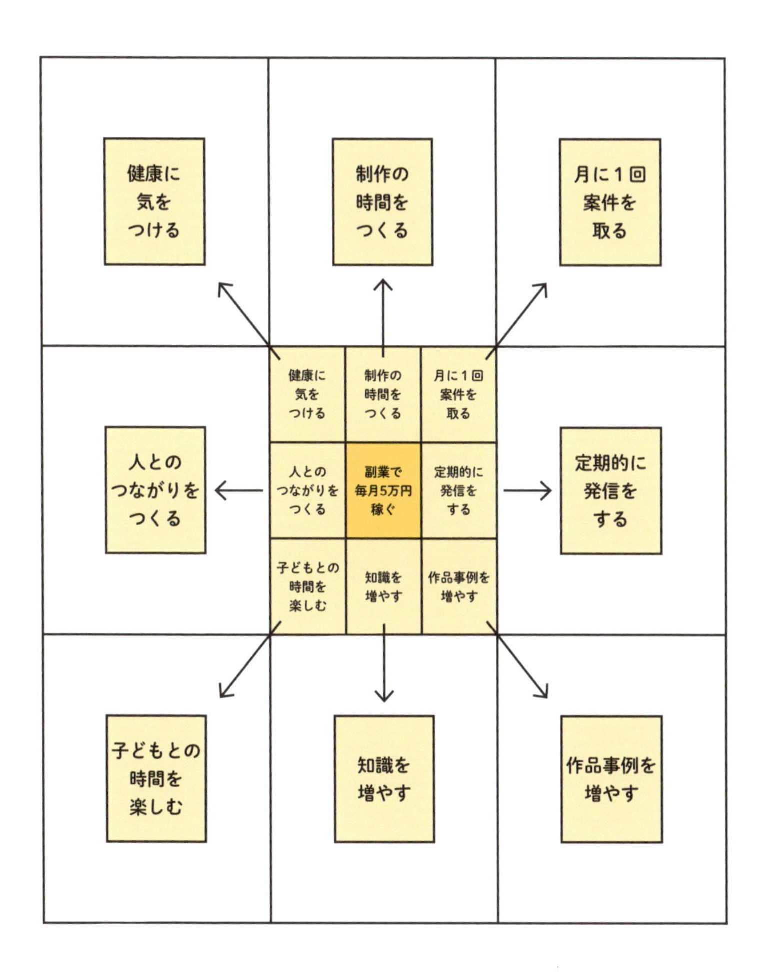

9マスを埋めるだけでも頭の整理には役立ちますが、目標を達成するためにはさらに細かくプロセスを考えていきます。

「毎月5万円を稼ぐ」ための8マスに書いた手段や方法を、さらに具体的にしていきましょう。

それを繰り返していくことで、最終的には9×9のマンダラートが完成します。

このように目標を定め、目標達成のための行動を具体化、細分化していくことで、自然といまの自分がやるべきアクションが見えてきます。マンダラートを使えば、どこから手をつけていいかわからない目標でも小さな行動に分解できるのです。目標を行動に細分化できれば、いま何をすべきかをいちいち悩む必要はありません。

また、空白があっても問題ありません。必ずしもそれぞれの枠、8個の空欄を全部埋める必要はなく、書ける場所を書いてみるだけでOKです。「いま、私はこれをしなければならない」ということを可視化することが大切です。

○ 読者特典サイト
(https://media.aitechschool.online/books/)
マンダラートのフォーマットがDLできます。

22時までに寝る	徒歩を心がける	ストレスを溜めない	気分が乗らないときは無理しない	1週間の予定を月曜に立てる	夫が休みの日にまとまった時間をもらう	ポートフォリオをこまめに更新する	制作実績と料金を定期的にSNSで紹介	同業者と仕事を紹介しあう
平日は5時に起きる	健康に気をつける	体にいいものを食べる	朝起きたらすぐ制作を1時間	制作の時間をつくる	家事は昼間済ませておく	コミュニティの急ぎ案件に手をあげる	月に1回案件を取る	以前に名刺を交換した人に連絡する
寝る前はスマホを見ない	寝る前にストレッチ	週に1度はヨガかランニング	30分でもいいからPCに向かう	子どもと一緒に夜更かししない	子どもは20時までに寝かせる	提案書をつくる	自分の強みを棚卸する	coconalaのプロフィールを修正する
悩みを相談しあえる関係をつくる	初対面の人とスムーズに話す練習をする	異業種交流会をピックアップする	健康に気をつける	制作の時間をつくる	月に1回案件を取る	制作物をInstagramにアップする	Xをはじめる	coconalaのプロフィールを更新する
名刺に自分のSNSのQRコードを入れる	人とのつながりをつくる	SNSのコミュニティに参加する	人とのつながりをつくる	副業で毎月5万円稼ぐ	定期的に発信をする	Instagramにプロフィールを掲載する	定期的に発信をする	既存の顧客に近況を聞く
知り合った人に自分からギブする	友人に仕事について話す	SNSのコミュニティで発言する	子どもとの時間を楽しむ	知識を増やす	作品事例を増やす	Facebookで近況を発信	リアルでつきあいがある人に報告する	定期投稿のフォーマットをつくる
寝る前に1日を振り返る時間を持つ	料理を一緒にして楽しむ	子どもとの時間は仕事を忘れる	HTMLの入門書を読む	デザイン講座の動画を見る	デザインの本を3冊読む	生成AIで実際に画像をつくる	参考の作品画像を集める	ノーコードツールでサイトを制作
成長に気づいたら一緒に喜ぶ	子どもとの時間を楽しむ	外遊びは一緒に楽しむ	自己啓発の書籍も読んでみる	知識を増やす	「いいデザイン」を言語化する	デザイン添削を依頼する	作品事例を増やす	成長ジャーナルを毎日書く
作業中に話しかけられたら手を止める	一緒に本を読む時間をつくる	早く寝かせようとイライラしない	テキスト生成AIを試す	画像生成AIを試す	ジェネレーターを使ってみる	LPのデザインを作る	バナー模写にチャレンジする	FigmaからStudioに移行してみる

「マインドセット」は「成長ジャーナル」でつくる

ステップ1の最後に、「マインドセット」をつくる方法についてお話しします。

マンダラートで自分がいまするべき行動が明確になった。それを真面目にこなしている。

でも、それなのに自信がなく、自信がないせいで案件が獲得できない、という人が実は多くいます。

また、スクールで勉強中の生徒さんのなかにも、他の人と自分の作品を比べて落ち込んでしまい、手が止まってしまう人もいます。そういう人は得てしてグループコンサルへの参加率が低かったり、最終的にはスクールをやめてしまったりします。

まだ入学したばかりであれば、他の人と比べて下手だったりするのも当たり前で、むしろ伸び代しかありません。そもそも、「他の人と比べて下手」というのもその人の思い込みで、わたしからすれば同時期に入学した生徒さんのスキルやセンスにそこまで大きく差があるとは感じられません。後述しますが、スキルだけでなくセンスさえも、実践のなかで磨かれるものだからです。

ですから、「自信がなくて案件が獲れない」ですとか、「他人と

比べて落ち込んでスタートする前にあきらめてしまう」というのは、とてももったいないことなのです。

「でも自信がないんだから仕方ないじゃないですか」

「自信がないわたしを責めるのではなく、スクールや周りの人が優しくスキルアップさせてくれるべきです」

というご意見もあるかもしれません。

しかし、考えてみてください。大多数の人は自信がなくて当たり前、むしろ自分に自信がないのが普通ではないでしょうか。自分の周りにいつも自信満々でいる人は多くいるでしょうか？案件をたくさん獲っているWebデザイナーは自信があるのでしょうか？

わたしは違うと感じます。順調に案件を獲得していても自信がない人も星の数ほどいます。

誰だって最初は自信なんてないのです。

では、なぜ「自信がなくてもうまくいく人」と「自信がないから踏み出せない人」の二極に分かれるのでしょうか？

つまり、そこが「Webデザイナーとしてのマインドセット」の違いだとわたしは考えています。

「Webデザイナーとしてのマインドセット」とは何かというと、冒頭にお話しした「何のためにWebデザイナーをやりたいのか」と深く関わってきます。

たとえば、子どもの成長を間近で見たい、そのためには時間や場所にとらわれずに働き、月に5万円ずつ稼ぎたい。そのためにはクライアントに喜んでもらって、満足してもらって、気持ちよくやりとりしたい。それがあなたのWebデザイナーをやりたい理由だとしたら、Webデザイナーとしてのマインドセットは「クライアントに喜んでもらえるデザインをつくり、月に5万円分稼いで仕事もプライベートも両立する」です。

「え？　そんなマインドセットでいいんですか？」と思う人もいるかもしれませんが、それがいまのあなたのやりたいこと、大切にしたいことなら、それでいいのです。

もちろん、なかには「クライアントが満足するデザインを次々と生み出し、日本有数のWebデザイナーになる」というマインドセットの人もいるかもしれません。それも正しいのです。

マインドセットに何が正解で何が不正解ということはありません。

あなたの「なぜWebデザイナーをやりたいのか」という動機に紐づいていればすべて正しいのです。

反対に、どんな高尚なことを言っていても、あなたの動機に紐づいていなければそれは間違ったマインドセットです。

このように、Webデザイナーのマインドセットは「動機」と密接に関わっていますが、多くの人はそれを忘れがちです。

そしてマインドセットが揺らいでいる人は自分に対して自信が持てず、うまくいかない現実に落ち込んだり、ほかの人と比べて落ち込んだりしてしまいます。

それを防ぐためには毎日自分を振り返り、マインドセットを確認することが大切です。

そのために、わたしがおすすめしているのが「成長ジャーナル」です。

ジャーナルは日報と言い換えてもいいのですが、1日の終わりにその日の学びや改善点を書き留め、自分の成長を振り返るものです。「今日はここまでできた」「今日は予定を消化できた」など、なるべくポジティブな部分に目を向けて書き残します。

もし、もう少し頑張ればよかった、というときも「○○を××できたらよかった」というふうに、前向きな改善案として書き残しましょう。それを毎日繰り返すことで「自分は少しずつ前に進んでいる」という実感が得られ、自信にもなります。

また、月末には収支を計算し、目標の金額が稼げていたらそのことを、未達だったら「来月は案件を○個獲得し、もう○円多く稼ぐ」というふうに目標として書き残します。

それを繰り返すと結果的にモチベーションを保ちやすくなり、Webデザイナーとしての「マインドセット」が整います。

必要なのは闇雲に自信を持とうとするのではなく、自分にとって本当に大切な目標を設定し、それに近づいているかどうかを毎日振り返ることです。そうすることが継続的な成長につながります。

「成長ジャーナル」は紙のノートやPCのメモ帳など何に書いてもいいのですが、あとで見返すことが簡単で、作業の終わりに記入しやすいツールとしてはNotionもおすすめです。

ジャーナルのテンプレートは、Notion画面の左下のサイドバーのメニューに「Template」のボタンがあるので、そこから使いやすいものをいろいろ探してみてください。

ジャーナルのテンプレート。左下のサイドバーのメニューにTemplateのボタンがあるので、そこから検索する

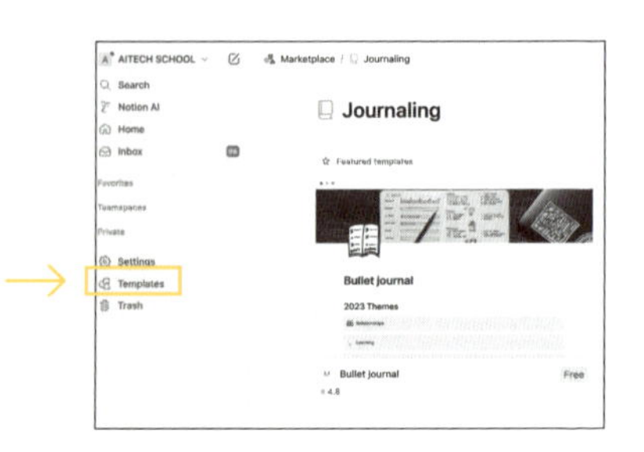

本書ではNotionでポートフォリオをつくる方法もお伝えしています(158ページ)。ポートフォリオづくりのためには自己分析も大事になってきます。日々の目標やジャーナルをNotionに書き留めておけば、ポートフォリオづくりのときにも役立ちます。

Notion
(https://www.notion.com/ja/personal)

ここまで、稼げるWebデザイナーになるためのマインド、目標設定等についてご説明してきました。ステップ2からはいよいよ各種スキルの話に移ります。

STEP 01

まとめ

- デザイナーに必要な４つの力を理解する
- 自分のスキルの過不足、現在地を確認する
- やるべきこと、目標をマンダラートで整理する
- 「なぜ、稼ぎたいのか」を明確にする
- 毎日成長ジャーナルを書いて「Webデザイナーのマインドセット」をつくる

自分は将来どうなっていたいのか、
なぜ稼ぎたいのか、
どのくらい稼ぎたいのかなどを、
「自分軸」で考えると、
いまやるべきことが明確になります。

STEP 02

AI 技術をきちんと活用して「基礎力」を高める

生成AIはデザイナーの武器となる

ステップ2では、稼げるWebデザイナーになるために必須ともいえるデジタルスキルの1つ、**生成AI**について、どんな生成AIをどのように使っていくべきかご説明します。

そもそも、近年、Webデザイナーとして食べていくためには、単にデザインができるだけでは不十分になってきました。**クライアントはデザインだけではなく、コピーライティングや素材探し、さらには提案力も期待しています。**

あなたがこれからもっと案件を獲りたい、もっと収入を上げたいなら、スキルの幅を広げることが必須になっているのです。

いま、そのスキルアップを劇的にサポートする存在が生成AIです。

生成AIとひとことで言っても、ChatGPTやMidjourney、ImageFX、Adobe Fireflyなど、さまざまな種類があります。

また、生成AIにはテキスト生成を得意とするAIと、画像生成を得意とするAIがあります。

Webデザインの現場では、どちらも上手に取り入れることで仕事が効率化でき、タイムパフォーマンスが上がります。

次に紹介するのは、よく使われている生成AIです。

➡テキスト生成AI

● ChatGPT（https://chatgpt.com/）

最も広く知られている定番の生成AI。文章作成を得意とする文章生成AIのイメージが強いのですが、コーディングや画像生成もできるオールマイティーなツールです。また、ChatGPTの高度な言語理解力を活用して、より詳細でユーザーの意図に沿った画像を作成することが可能です。

● Gemini（https://gemini.google.com/app）

GoogleがChatGPTに対抗することを目的にして開発した生成型の人工知能チャットボットです。大規模言語モデルが使用されていて、テキスト作成、計画書立案など、テキスト生成に強いAIです。

➪画像生成AI

- Midjourney
  (https://www.midjourney.com/home)

テキストのプロンプト（AIへの指示文）をもとに高品質な画像を生成する画像生成AIです。特にアーティスト、デザイナー、クリエイター向けに設計されており、抽象的なアイデアや独創的なビジュアルを迅速に具現化する能力を持っています。

- ImageFX
  (https://labs.google/fx/ja/tools/image-fx)

ImageFXは、Googleが開発した画像生成AIツールです。テキストを入力するだけで、それに基づいた高品質な画像を生成することができます。Googleアカウントを持っていれば、誰でも無料で利用できます。

○ **Adobe Firefly**
(https://firefly.adobe.com/)

デザイナー御用達のAdobeがつくったAIです。デザインスキルが劣っていても、クリエイティブな画像やイラストを生成できます。Adobe社のデータを学習しているため、著作権をクリアしているところが最大の特徴です。

生成AIをどう役立てるか？

これらの生成AIが便利なのは理解しているけれど、具体的にどう活用すればいいのか？　という疑問をお持ちの方もいるかもしれません。

画像生成AIに関しては、わたしはバナーやLP（ランディングページ）の画像をつくる際に役立てています。それどころか、バナーやLPの制作には、もはや画像生成AIは必須と感じます。

というのも、「無料素材の中でいいものを探そうとして1日が終わってしまった」ということや、「有料のストックフォトでも、ピッタリ合う素材がない」ということは往々にしてあります。**ところが、画像生成AIを使えば、短時間で必要な素材を用意することができるからです。**

また、テキスト生成AIは、広告のコピーライティングを考える際に役立ちます。たとえばバナー10枚分についてコピーを0から用意するのは大変です。しかし、テキスト生成AIを使えば、考える時間を圧倒的に短縮できます。

そもそも、デザインとコピーライティングは切り離せない関係にあります。

たとえば、LPやバナー広告の制作では、ターゲットに響くコピーが閲覧者の行動を促す決め手になります。そのため、デザイナーにコピーライティングも依頼するクライアントは多く、「コピーは苦手だから……」と尻込みしてしまうと、せっかくのチャンスを逃してしまうかもしれません。

実際、「コピーライティングが苦手」と感じているデザイナーは少なくありません。しかし、この問題は生成AIを活用することで簡単に解決できます。

たとえば、ChatGPTに「30代女性向けの化粧品のキャッチコピーを3つ考えて」と入力すれば、数秒で複数のアイデアを提案してくれるのです。次がその例です。

AIをうまく使えば、コピーライティングのハードルを大きく下げることができ、デザインの仕事の幅を広げることにもつながります。

30代女性向けの化粧品のキャッチコピーを3つ考えて

もちろん、30代女性向けの化粧品のキャッチコピーを考えました！以下の3つをご参考にどうぞ：

1. **「輝く肌、始まる一瞬。あなたの美しさを引き出す、毎日のスキンケア。」**
2. **「もっと素肌美人へ。30代からのリアルケア、理想の肌へ。」**
3. **「時間を巻き戻す、美しさの秘訣。あなたの肌に、未来の輝きを。」**

どれも30代女性が自分の美しさを大切にしつつ、今後の肌ケアに積極的になれるようなイメージで作ってみました！気に入っていただけるものがあれば嬉しいです。

「30代女性向けの化粧品のキャッチコピーを3つ考えて」というプロンプトでChatGPTに提案されたキャッチコピー

AIは「マクドナルド理論」に使える

突然ですが、**「マクドナルド理論」**というものを知っていますか？

「どこにランチに行く？」という話になったとき、「マクドナルドに行こうよ」と提案すると必ずその提案は却下され、よりよいお店が提案される。

つまり、「実現可能なアイデアのうちの最低なもの」を提案することでよりクリエイティブなアイデアが生み出される。**「最低が最高のアイデアを生み出す」という理論**です。

マクドナルドには非常に失礼な話ではありますが、往々にしてそういうことはあるものです。

なぜなら、多くの人にとってはゼロからアイデアを生み出すことより、「たいしてよくないアイデア」について改善案を出すことのほうが簡単だからです。

でも、人間同士のブレインストーミングですごくつまらないアイデアを口にするのは嫌ですよね。まるで自分が馬鹿みたいですし、そもそも、そう都合よくブレストしてくれる相手もいません。

ここで、前節でテキスト生成AIにキャッチコピーをつくってもらったことを思い出してください。出来がいいものも悪いものもあったと思いませんか？

でも、出来が悪いものを叩き台として、よりよいキャッチコピーを生むこともできそうですよね？

つまり、**生成AIはこのたたき台づくりに最適なパートナーで、「最低限のアイデア」「たいしてよくない叩き台」としても使えるのです。**

生成AIが提案したアイデアが完璧でなくても、それに手を加えれば、短時間でよりよいものに仕上げられます。

むしろ、**「なんか違うな」と感じる違和感こそが重要です。その違和感を解消しようとする過程で思考が活性化し、よりよいコピーやアイデアへと磨かれていきます。**

クリエイターにはMidjourneyやImageFXがおすすめ

生成AIはコピーライティングだけでなく、画像制作にも役立ちます。

無料の素材サイトを探し回る時間を減らし、効率的にイメージを作成しましょう。

MidjourneyやImageFXを使えば、希望に近い画像を短時間で生成できます。

Midjourneyは有料ですが、ベーシックプランなら月額10ドル。「背景を少し明るく」「横顔のモデル」「自然光が入るカフェのシーン」など、細かいリクエストにも対応できます。

Adobe Fireflyは無料でも十分使えますが、精度を求めるなら有料のMidjourneyを試してみる価値があります。

生成AIを使用する際の注意点としては、人物画像はまだAI特有の違和感が残ることもあります。

とはいえ、背景・モチーフ・パターン素材としては十分利用可能です。

また人物画像も、生成画像をPhotoshopで微調整したり、イラスト風に加工したりすると、より自然な仕上がりになります。

生成AIを使う際のプロンプトのコツ

生成AIを使いこなすにあたって大切なのが**プロンプト(prompt)**です。

プロンプトとは、AIやコンピューターに必要な操作や処理を実行させるための指示、質問のことです。SF映画などでは音声でやりとりしているイメージで、実際音声入力も可能ですが、一般的にはテキストでの指示が多いのではないでしょうか。

ChatGPTなどは日本語で指示や質問を書けばよいのですが、たとえばMidjourneyのプロンプトは英語です。

「英語は苦手で」と抵抗を感じる人もいるかもしれませんが、そんなときは「プロンプトジェネレーター」を活用すれば問題ありません。これは、AIに指示を出すプロンプトを自動で作成してくれるツールです。

➡プロンプトジェネレーターの例

- GAZAI (https://gazai.net/prompt)

- Journey AIアートジェネレーター (https://journeyaiart.com/ja)

プロンプトジェネレーターを使えば、たとえば、「高品質」「青」「海」など、日本語の選択肢を選ぶだけで、適切な英語のプロンプトが生成されます。また、日本語で希望のイラストを説明し、それをGoogle翻訳で英語に変換する方法もあります。

Journey AIアートジェネレーターの場合は日本語で入力すれば画像が生成されます。いまではさまざまな便利なツールがあるので、「英語だから難しそう」と心配する必要はありません。

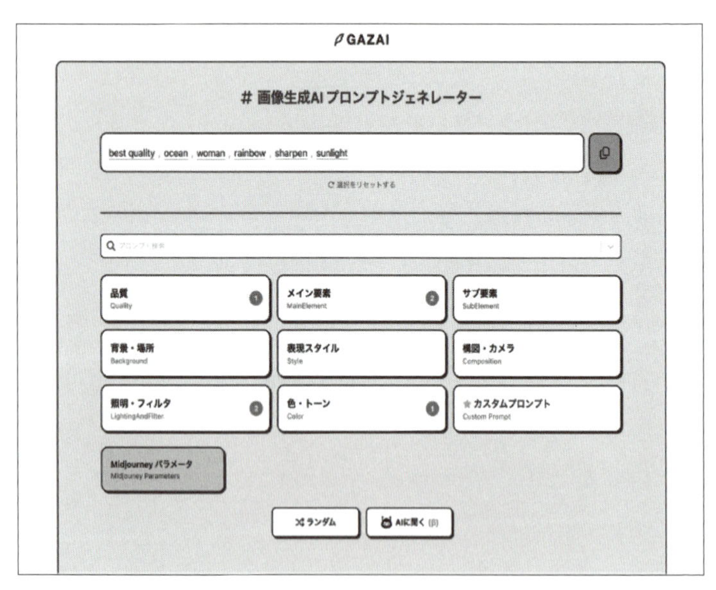

GAZAIのトップページ。要素を選ぶだけで英語のプロンプトがつくられ、画像が生成できる

生成AI実践編 実際に使ってみよう

では、実際に生成AIを使ってバナーをつくってみましょう。

Midjourneyがおすすめと書きましたが、手軽にはじめたい場合は、無料のImageFXも使いやすいです。使い方に関して、大きな違いはありませんので、ここではImageFXを使って実践してみます。

今回つくりたいのは、バナーに使用するこのような女性の画像と背景画像です。

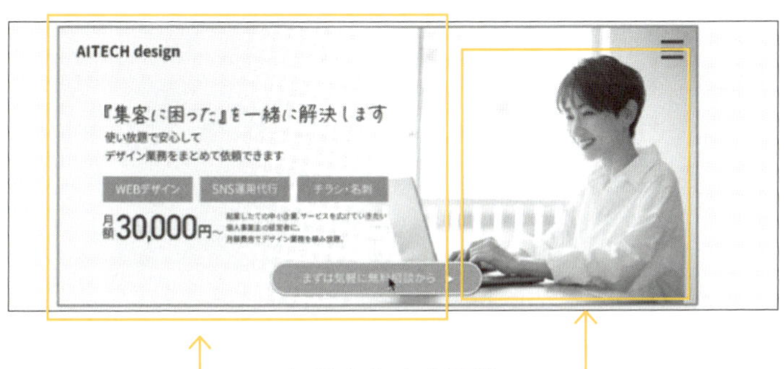

お手本とする画像

Web制作の案件を受注するためのLPです。イメージ画像と、金額、ざっくり何をするかがわかるキャッチコピーですね。

まずはこれを見本に、トップ画像を生成AIを使ってつくっていきましょう。

①人物素材を画像生成AIでつくる

お手本をもとに、たとえば次の画像のようなものをつくることをゴールにしましょう。

見本をもとに最終的につくりたい画像。背景に幾何学画像、右側に女性を配置します

この場合、必要な画像は右側の女性の画像素材、そして背景の幾何学模様の素材です。

実際に案件を受注する際にも、人物画像を使いたい機会は多いはずです。

考えてみれば当然で、PRしたい商品やサービスを使うのは人間です。「人間が使っている画像」や「魅力的な人間が使用を勧めている画像」などは必須です。

ところが、人物素材をストックフォトのサイトなどで探そうとすると、意外とピッタリくる画像が見つからずに無駄に時間がかかってしまいがちです。

そこで生成AIでイメージに合う画像を生成し、時短を図りたいわけですが、大切なのは、どのようなプロンプト（指示文）を入力するかという点です。

実際にChatGPTを利用してプロンプトを作成する工程を紹介しましょう。

まず、**見本となる画像を任意にピックアップします。**

わたしの場合、Adobe Stockなどの有料サイトから画像をダウンロードしています。

たとえば、「女性」「パソコン」といったキーワードで検索し、パソコンを操作しているシーンの画像を見本として選びます。

また、指差ししているシーンのように、サブキャッチコピーを際立たせるための構図も有効です。気になる画像があれば、プレビューをダウンロードし、見本として採用してください。

見本となる画像を探し、プレビューをダウンロードする

AdobeStockでダウンロードした見本画像には、スカシ（透かし）が入っているため、そのままでは使用できません。そこで、ImageFXなどのツールを利用して、ダウンロード画像を参考にして新しい画像を作成します。

ChatGPTを使ってプロンプトを生成します。手順は次の通りです。

➡ プロンプトの作成方法

1. **ChatGPTを起動する。**
2. **先ほどダウンロードした画像をアップロードする。**
3. **「このような画像を作成したい。どのようなプロンプトを入れればいいでしょうか？」と指示する。**
4. **必要に応じて、服装などの細かい要素も調整できるように指示を追加する。**

参考画像をアップして質問をすると、プロンプトの例を示してくれます。

ChatGPTでは、参考画像から新たに画像を生成するためのプロンプトを作成することができます。

また、プロンプトの例を自分好みにアレンジすることも可能です。

このような画像を作成したい。どのようなプロンプトを入れれば良いでしょうか？

このような画像をAIで作成するためのプロンプトは、以下のようにすると良いでしょう。

英語プロンプト（DALL-E用）：
"A young East Asian woman with long, dark hair, wearing a white blouse, holding a silver laptop in one hand while pointing upwards with her other hand. She has a warm, confident smile, and the background is a plain white wall. The lighting is soft and even, giving a professional and minimalistic look."

プロンプトはアレンジ可能。

日本語訳：
「長い黒髪の東アジア系の若い女性が、白いブラウスを着て、片手でシルバーのノートパソコンを持ちながら、もう一方の手で上を指さしている。彼女は温かく自信に満ちた笑顔を浮かべており、背景はシンプルな白い壁。照明は柔らかく均一で、プロフェッショナルでミニマルな雰囲気を演出している。」

質問してみましょう

ChatGPTがプロンプトの例を示してくれる

たとえば、「長い黒髪の東アジア系」という部分を、「日本人」と書いてもよいでしょう。また、「白いブラウス」と記載されている部分も、「青や水色のブラウス」に変更することもできます。

ここでは時系列に、「長い黒髪のアジア系」で「白いブラウス」を着た女性のプロンプトで、どのように画像が生成されるか見ていきます。

まず、完成したプロンプトをコピーしてImageFXに入力してみましょう。

手順としては最初は基本的なプロンプトを入力し、その後、生成された画像をもとに自分なりにカスタマイズしていくことになります。

プロンプトを入力し、エンターキーを押すと、さまざまな画像が生成されます。

プロンプト通りの画像ですが、少しエキゾチックな雰囲気があり、一般的な日本人女性のイメージと異なるかもしれません

中には腕が3本あるなど、奇妙な画像も見受けられます。画像生成ツールは一見便利ですが、不自然な画像が生成されるときがあるので要注意です。

腕が3本あり、このままでは使えません

これらを踏まえて、再度プロンプトを調整し、バナーに使える画像が出るまで試行錯誤を繰り返します。

実際に画像生成を試してみると、服装の色や細部の表現が変わってきます。生成された画像の違和感や不自然さに注意し、画像の内容をよく確認することが大切です。

「濃い色のロングヘアの東アジアの若い女性」というプロンプトを「濃い色のロングヘアの日本人の若い女性」に変更し、ブラウスの色も白とスカイブルーに変えたものです

②完成した画像をFigmaに取り込む

いい感じの画像が生成できたら、ダウンロードした画像をFigmaに取り込み、配置作業を行ないます。

画像の大きさが合わない場合は、一度サイズを統一して調整しましょう（Figmaを使った具体的な手順については、ステップ4で説明します）。

たとえば、全体のバランスを考えて少し小さくしたり大きくしたりと、適宜調整を加えます。

また、写真の場合、背景がそのままだとなじみにくいため、背景を除くためのトリミング作業が必要です。

特に、画像から人物だけを切り抜く際は、トリミングや背景の除去処理を丁寧に行なってください。

Figmaに取り込み、サイズを調整します

③背景素材を生成AIでつくる

次の工程は、バナーに不可欠な背景画像の作成です。

シンプルな模様など、Adobe Stockから探し出したサンプル素材を参考にしながら、生成AIで背景画像をつくります。

背景画像は、IllustratorやPhotoshopでラスタライズを求められる場合があります。その場合は、ベクター形式の画像をラスター形式に変換し、適切に加工してアップロードしましょう。**ちなみにベクターとラスターの違いは、画像の点や線を数値で構成しているのがベクター形式、無数の小さな点（ピクセル）で構成しているのがラスター形式です。**

Adobe Stockでお手本の画像を探します

お手本となるサンプル画像が決まったら、再びChatGPTを利用して、ImageFXに入力するためのプロンプトを生成します。

ChatGPTにプロンプトをつくってもらいます。「やわらかく、抽象的で幾何学的な背景」というプロンプトが生成されました。

幾何学的な模様が自然に仕上がるよう指示を調整します。もし思い通りに仕上がらない場合は、プロンプトの再生成や「もっと色を薄く」などの具体的な指示を加えるとよいでしょう。

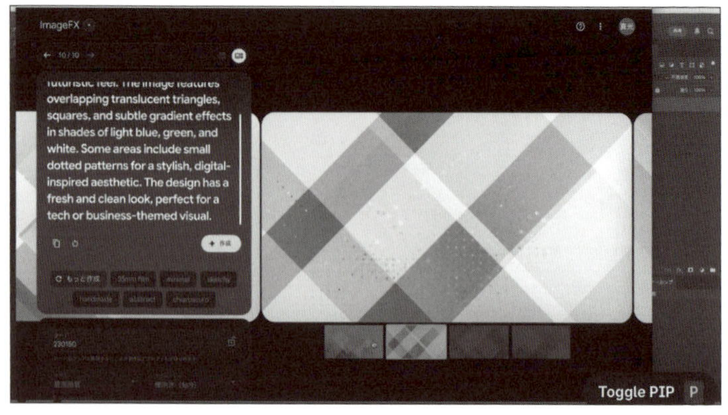

好みの模様になるまでプロンプトの修正を繰り返す

使えそうな画像ができたらFigmaに取り込み、デザイン作業に移ります。

デザイン作業の詳細はステップ4で説明しますので、ここでは省略します。

人物、背景と必要な画像をつくりました。最後にバナーに必要なキャッチコピーも生成AIでつくってみましょう。

④テキスト生成AIでキャッチコピーをつくって配置する

最後のステップは、テキスト生成AIを用いて魅力的なキャッチコピーを作成し、デザインに配置する作業です。

AIが提案するアイデアをたたき台にすれば、ゼロから考える手間を大幅に省くことができます。

ここではChatGPT、Gemini、Claudeなど複数のツールでキャッチコピーやサブコピーの案を比較検討し、最も適した表現を採用しましょう。

使用するのは**「天秤AI」**です。

● 天秤AI（https://tenbin.ai/）

天秤AIは、GMOグループが提供するChatGPT4やGeminiといった複数のAIツールを無料で利用できるサービスです。1つのプロンプトを投げ込めば、複数のAIが同時に答えを生成してくれるのが特徴です。ユーザーはそれらを見比べて、最適なAIモデルの回答を選択することができます。

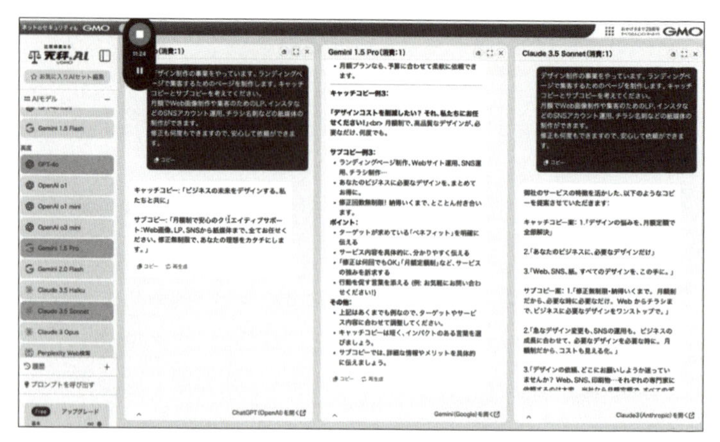

天秤AIはいろいろな生成AIがつくったキャッチコピーを見比べることができる

今回のバナーでは、デザイン制作における集客用のキャッチコピーとサブコピーを考えます。具体的な条件は、次の4点です。

1. 月額制のWeb画像制作サービス
2. ランディングページの制作
3. InstagramなどSNSのアカウント運用
4. 名刺などの印刷物の制作

これらの特徴を踏まえたうえで、キャッチコピーとサブコピーを生成してもらいます。実際に、ChatGPT、Gemini、Claude

の3つのツールにお題を投げると、各ツールから異なる提案が返ってきました。

たとえば、ChatGPTはキャッチコピーの候補を2案しか出さなかったのに対し、他のツールは複数の案やサブコピーのバリエーションを提示するなど、出力の傾向に違いが見られました。

特に印象的だったのは、次のようなキャッチコピーです。

- **「もうデザインで悩まない」**
- **「集客のデザイン、丸ごとお任せください」**
- **「あなたのビジネスに、必要なデザインだけ」**

これらの生成AIがつくってくれたコピーをもとに、たとえば「あなたのビジネスに必要なデザインをまるごと迅速に」など、自分で考えて必要だと思う要素を付け加えます。そうすることで、自分らしさを出すこともできます。

このように、テキスト生成AIを活用すれば、キャッチコピーの量産が可能となり、制作時間の大幅な短縮につながります。**結果として、より多くの案件に対応できるようになるだけでなく、キャッチコピーのクオリティも向上します。**

AIに著作権はあるのか？

AIで生成した画像の著作権がどうなるのか、不安に思う方もいるかもしれません。

現在のところ、生成AIがつくり出したものには基本的に著作権は認められていません。

文化庁著作権課による『AIと著作権に関するチェックリスト＆ガイダンス』でも次のように記されています。

p.20
生成物の利用に先立って、既存の著作物と類似した生成物となっていないか確認

著作権侵害の要件としては、既存の著作物との「類似性」及び「依拠性」の双方が必要です。そのため、既存の著作物との関係で「類似性」がないAI生成物については、その利用について、著作権法上、特段の許諾を得ることは不要です。
そのため、AI生成物については、その利用に先立って、まずは既存の著作物と類似していないかを確認*することが必要です。
※インターネット検索（文章検索・画像検索）の活用など

『AIと著作権に関するチェックリスト＆ガイダンス』文化庁著作権課 作成
https://www.bunka.go.jp/seisaku/bunkashingikai/chosakuken/seisaku/r06_02/pdf/94089701_05.pdf

ただし、**他の作品と「類似していないか」には注意が必要です。**

「類似」ということについてもう少し説明します。

SNSなどでも、生成AIによってつくられた画像が、プロのイラストレーターや画家、デザイナーなどの作品に似ている場合に炎上したりします。

この「似ている」は非常に曲者で、SNS上の争いや個人間の諍いでは、しばしば決着がつかないこともあります。

ただ、著作権法上はある程度の条件が定められています。

たとえば、**著作権法上はアイデアは保護されません。**

かつてジョルジュ・スーラという画家が点描で絵を描きました（次ページの上の画像参照）。日本でも伊藤若冲が約1センチ四方の正方形に区切られている点で構成された「樹花鳥獣図屏風」という作品を描いています（次ページの下の画像参照）。

どちらも点描ですが、どちらかが盗作でしょうか？

いいえ、これは自然発生的なアイデアの類似であり、著作権の侵害には当たりません。

ジョルジュ・スーラ「グランド・ジャット島の日曜日の午後」(1884-1886)

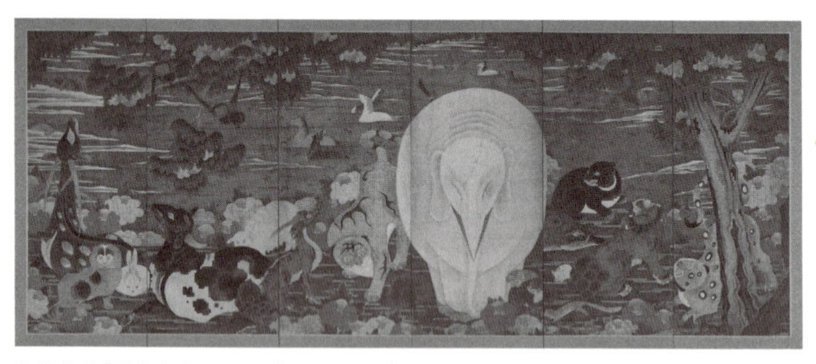

伊藤若冲「樹花鳥獣図屏風」(18世紀後半)

どちらも点描的な技法を使って描かれた傑作。アイデアは類似しているが著作権侵害には当たらない

近い時期に似た技法で描かれている

また、類似の判断には**「創作性」**のある表現か、ありふれた表現かも関わってきます。

たとえば、擬人化したタコを描くときに目を黄色く塗り、ねじりはちまきを頭に巻くという表現がとられることがあります。他にも擬人化したカエルを描くときは顔を横長に描いて、フロックコートを着せる表現をとったりします。

これは誰でも思いつくありふれた表現で、これが一緒だから盗作だ、ということにはなりません。

もう1つ、著作権侵害かどうかの判断に使われるものとして**「依拠性(いきょせい)」**があります。これは後発の作品の作者が、既存の著作物を見る機会があって真似たかどうか、もしくは後発の作品が「ありえないほど既存の著作物に似ている」かどうか、どういった制作経緯を経たかなどで判断されます。

生成AIの場合、より注意しなければならないのは「依拠性」です。特に画像生成AIの場合、その出自からして、大量の画像データを読み込んで学習しています。だからこそ、指示に沿った画像を生成できるわけです。自然に、先行の画像、既存の著作物に似た画像が生まれやすいといえます。

「先行の画像の著作権を侵害していないかどうか」を判断するのは極めて難しいことではありますが、妙に特徴的な画像が生成された場合は、画像検索するとその作風のクリエイターの作品がヒットするかもしれません。

また、カエルなのに顔が縦長であるとか、タコなのにロリータ姿だというような、「通常あり得ないデフォルメ表現」をされた画像ができた場合は、何か元ネタがあるのかもしれません。これも画像検索やキーワード検索で確認したほうがいいでしょう。

つまり、現状では、「過去にあった特徴的な作品に似せない」ことが重要です。

気になる場合は、画像検索などを使って類似する作品がないか確認してみましょう。

もし、どこかで見たことのあるモチーフが含まれている場合は使用を避けるなど、クリエイターとして最低限の配慮を心がけましょう。

生成AIの活用で基礎力と作業効率をアップさせる

生成AIは、ただの「楽をするためのツール」ではありません。あなたの基礎力を底上げし、成長を加速させるための強力な武器です。

テキスト生成AIを使ったコピーライティングに慣れれば、クライアントとのミーティングでもスムーズに提案できるようになります。

画像生成AIを活用すれば、素材づくりに時間をかけすぎることなく、効率的にデザインを制作できます。作業効率が上がれば、その分多くの案件に挑戦できるようになり、継続案件の獲得や高単価の仕事につながるチャンスも増えるでしょう。

ポイントはとにかく触ってみること。

生成AIを試行錯誤しながら使い続けるうちに、あなた自身のアイデアやノウハウが蓄積され、「生成AI＋あなた」という最強の武器が生まれます。

いま、多くのデザイナーはまだ生成AIを十分に活用できていません。だからこそ、いまが大きなチャンスなのです。

STEP 02

まとめ

- 生成AIを使ったことがなければ、まずは触ってみる
- テキスト生成AIではキャッチコピーの叩き台が、画像生成AIではバナーなどに必要な画像素材の制作が可能
- 画像生成AIのおすすめはMidjourneyやImageFX、いろいろ試して使いやすいものを見つけよう
- プロンプトをアレンジすると、ぴったりの画像素材がつくれる
- 画像生成をする際は、著作権に注意する

「まだよくわからないから……」と
使わないでいると損をすると言っても
過言ではないのが生成AIです。
まずは触って、自分に合った
取り入れ方を探しましょう。

STEP
03

デザイン模写と添削で「センス」を磨く

模写からはじめる「伝わる」デザインの習得

Webデザイナーを目指す方や、すでに仕事をはじめているけれど収入が伸び悩んでいる人にありがちな失敗例があります。それは、いきなりオリジナルのデザインを形にしようとすることです。

頭の中に浮かんだアイデアを、そのまま形にしてしまうと、往々にして「独りよがり」なデザインになりがちです。なぜなら、**優れたデザインには「型」があり、それを習得するには知識と経験が必要だからです。**

とはいえ、知識と経験は一朝一夕で身につけられませんよね。

ここで有効なのが**「模写」**です。模写とは、お手本となる優れたデザインを観察し、そのエッセンスを再現する作業です。いきなり独自性を追求するよりも、まずはお手本から学ぶことが、遠回りに見えて実は最短ルートなのです。

日本には、技術を習得するにあたって**「守破離(しゅ・は・り)」**という考え方があります。守破離は、日本の伝統的な学びのプロセスを表す概念で、特に武道、芸術、茶道、華道などの修行に用いられます。これは、「守」→「破」→「離」の3段階で技術を習得していくことを示しています。

守 **優れたお手本を守り、忠実に再現する（型を守る）**
破 **お手本を踏まえたうえで、それを崩し、新たな要素を取り入れる（型を破る）**
離 **蓄積した経験から独自のスタイルを確立し、お手本から離れる（型から離れる）**

このプロセスはデザインを学ぶときにも有効です。バナーを制作する際などは、まずはお手本を見習って模写を繰り返し、そこから基本の「型」を身体に染み込ませましょう。

また、実際に受注した案件を制作する際も、最初のうちは次ページから紹介する模写のやり方でつくっていくのが失敗も少なく、おすすめです。

模写を実践してみよう

バナー広告のデザインを模写することで、配色・レイアウト・フォント使いなどの「デザインの基礎」を効率よく学ぶことができます。次の流れで進めるとスムーズです。

1 模写するバナーを選ぶ
2 分析する
3 見本アートボードの隣に制作用アートボードをつくる
4 大枠を模写する
5 文字や画像を再現する
6 エフェクト・装飾を加える
7 仕上げと振り返り
8 オリジナルへの応用

①模写するバナーを選ぶ

学びたいポイントを明確にし、配色センスや、タイポグラフィ（文字組み）の構成など、デザインのクオリティが高いバナーを選びましょう。

たとえば、大手企業が莫大な広告費を投じ、広告代理店が心血を注いで制作したWebバナーは一級の教材です。

今回はこのバナーを模写します

バナー画像の参考サイトとしては、次のようなものがあります。

- **Pinterest**
  (https://jp.pinterest.com/)

画像や動画をブックマークして収集・整理できるビジュアル探索型のSNSです。ユーザーは「ピン(Pin)」と呼ばれる画像をボード(Board)に保存し、自分の興味・関心に応じたコンテンツを集めることができます。

- Bannnner.com
  (https://bannnner.com/)

バナー制作者の参考となる優れたバナーを集めたデザインサイトです。バナーはサイズや業種、トンマナ（デザインの雰囲気）などで分類されており、目的に応じて簡単に検索できます。

②分析する

いきなりつくりはじめるのではなく、「なぜこのデザインなのか？」という視点で観察します。

分析するのは色づかい、要素、レイアウト、フォント、トーンなどです。

まず、色づかいではベースカラーとアクセントカラー、図形に使われている色が何色なのかを把握します。つくりながら色を確認していってもいいのですが、最初に大まかに見ていくのもよいです。

ちなみに、皆さんはご存知のはずですが、Photoshopでは、カラーピッカーを表示するとパレットから好きな色を選ぶこともできますが、スポイトツールを用いると正確に取得できます。

カラーピッカーを使うと見本と同じ色が取得できる

次に**要素**としては、何があるでしょうか？

今回のお手本にあるのは、画像、コピー（テキスト）、簡単な図形などです。このように、どんな要素で構成されているかを確認します。

次に**レイアウト**を見ていきます。

レイアウトでは、要素（文字や画像）の配置バランスや余白の取り方をチェックします。

フォントに関しては、使用されている種類、太さ（ウェイト）、文字間（トラッキングやカーニング）の状況を観察します。

さらに、全体の**トーン**を把握します。

画像やイラスト、アイコンについて、シンプルか派手か、あるいはキャッチーなものかなど、そのテイストを確認しましょう。

こうした分析を行なうことで、「何がよいデザインをつくっているのか」をより明確に理解できるようになります。

前掲のバナーについて、わたしは次のように分析しました。

フォントは丸ゴシックで
やわらかく読みやすくなっている

医療脱毛なので
脇が見える人物素材を使用

簡単な図形の
組み合わせで
動きを出す

ペールトーンのピンク〜ラベンダー色で
初心者向けにやさしさと安心を
感じる色合いになっている

③見本アートボードの隣に制作用アートボートをつくる

見本のバナーをコピーして、制作用アートボードをつくります。このとき、見本のバナーのサイズを確認します。大体500×500ピクセルくらいだったりするのですが、1000×1000ピクセルくらいの大きさに保存しなおして、同じ大きさのアートボードをつくりましょう。アートボードは絵を描くときのキャンバスに当たるものです。

なぜサイズを大きくして保存しなおすかというと、大きいものから小さいものをつくるのは可能なのですが、小さいものから大きく書き出すと画像が粗くなってしまうので、大きめにつくっておくほうがよいのです。

見本アートボードの隣に制作用のアートボードをつくるのは、各要素の位置関係を視覚的に捉えやすくし、レイアウトを正確に再現できるようにするためです。

制作用アートボードの画像の塗りの%を落としておくと、トレースが簡単になりますので、塗りは40%程度に落としておきましょう。

また、見本画像は間違って変えてしまわないようにロックをかけておくのもおすすめです。

見本の横に制作用アートボードをつくる

④大枠を模写する

大枠を模写していきます。背景色や主な色を落とし込んだうえで元のデザインと同じカラーパレットを利用し、要素をブロックごとに配置して文字エリアや画像エリアなど大きな配置をざっくりと把握します。この段階ではまだ細かい文字情報や装飾を入れずに「レイアウト構成」に注目しましょう。

大きな画像、図形などから、目安のガイドラインを引いておくと配置しやすい

⑤文字や画像を再現する

文字や画像を再現する際には、似ているフォントを検索し、同じフォントが見つからない場合はできるだけ近い雰囲気のものを選びます。

文字のスタイルはサイズや太さ(ウェイト)、行間、文字間を微調整し、画像・イラスト・アイコンを再現するときは、完全に同じ素材を使わなくてもよいので似たテイストのものを探して取り入れるようにします。

文字や画像も再現する

ちなみにフォントを検索できるサービスもあります。**「Adobe Fonts(アドビフォント)」**は、フォント名やメーカー、キーワードで検索できるだけでなく、書体のスタイルや特徴からも絞り込めます。

たとえば、ゴシック体は「Sans Serif」、明朝体は「Serif」、手書き風は「Script」といった具合です。また、日本語フォントのみを表示するフィルターや、太さ・角の丸み・字幅といった細かい特徴での絞り込みも可能です。検索結果のフォントはプレビュー機能で確認でき、「サンプルテキスト」に文字を入力すれば、実際の見た目をすぐに確かめられます。フォント選びに迷ったら、Adobe Fontsを使って最適なものを見つけてみましょう。

また、Photoshopには**「Match Font（マッチフォント）」**という機能もあります。マッチフォントは、Photoshopに搭載されたフォント識別機能です。画像内の文字を自動で解析し、類似するフォントをAdobe Fontsなどから提案してくれます。たとえば、「画像のロゴやポスターのフォントを知りたい」「デザインで使われているフォントを特定したい」ときに役立ちます。こちらはPhotoshopの機能なので、作業しながら探せるのが便利なところです。

● Adobe Fonts
（https://fonts.adobe.com/?locale=ja-JP）

● Photoshopの「Match Font」

Photoshopの機能。Photoshopで画像を開き、長方形選択ツールを使って、知りたいフォントの文字列を選択し、メニューバーの書式メニューから「マッチフォント」を選択すると候補のフォントをリストアップしてくれる。

⑥エフェクト・装飾を加える

エフェクトや装飾を加える際は、影・グラデーション・枠線など、元のバナーに使用されている要素を細かく観察し、Photoshopのレイヤースタイルやllustratorのアピアランスなどを活用して再現します。また、文字と背景のコントラストを確認し、強調したい部分を明確にしましょう。

エフェクトや装飾を加えます。グラデーションを調整しています

⑦仕上げと振り返り

仕上げの段階では、行間・文字感覚・余白などの細部を比較しながら少しずつ修正し、完成データを保存します。振り返りとしては、「このデザインは何が優れていたか？」や「自分が苦労

したポイントはどこか、どう克服できるか？」を問いかけることで、デザインの強みを再確認し、今後の改善や成長のためのヒントを得ることができます。

「このデザインは何が優れていたか？」や「自分が苦労したポイントはどこか、どう克服できるか？」を振り返りましょう

- 【Photoshop実践】模写でマスター！
  効果的なバナー作成テクニック
  【Webデザイナー】
  はまさんのいきなりWebデザイナーチャンネル
  (https://youtu.be/2AFYmY98fbI?si=Ym1FN2trKsuMO68D)

⑧オリジナルへの応用

色やレイアウトを少し変えて、「自分ならこうする」というアレンジを加えてみるなど、模写で得た知識を次のバナー制作やデザインアイデアに活かしましょう。

「なぜこのデザインなのか？」という視点でまずは分析し、全体の構成(画像 → 文字 → 装飾)の順に少しずつ再現します。完成後は振り返りやアレンジを加え、自分のデザイン力として定着させましょう。

模写はプロのデザイナーも取り入れる効果的な訓練法で、繰り返し行なうことで配色やレイアウトの基礎が自然と身につき、オリジナルのデザインもつくりやすくなります。制作者がどんな意図でこのデザインをつくったのかを考えながら挑戦してみてください。

最初は「商品＋コピーライティング」といったシンプルな構成のバナーからはじめるのがおすすめです。

● **読者特典サイト**
模写のくわしいやり方がわかる
動画をプレゼント
(https://media.aitechschool.online/books/)

センスとスキルを底上げする デザイン添削にもチャレンジしよう

模写に慣れてきたら、**デザイン添削**にも挑戦してみましょう。

デザイン添削とは、プロのデザイナーからフィードバックを受け、作品の改善点を明確にすることです。

たとえば、「コントラストを強めると伝わりやすい」「配色が派手すぎるので調整したほうがよい」といった具体的なアドバイスをもらえます。客観的な視点で指摘を受けることで、デザインのスキルが格段に向上します。また、デザイン添削にチャレンジすることで、自然と「残念な作品」が「プロっぽい作品」へと変わるので、何度かデザイン添削をしてもらってコツを掴むと、センスが磨かれ、スキルも上達します。添削を受けたい場合は、デザインスクールやMentaなどで講師や添削者を探してみましょう。

次の添削例は、運営しているWebデザイナー養成オンラインスクール「AITECH SCHOOL」で、実際にわたしが生徒さんのバナー作品に対して添削したものです。

1つ目は、ヨガ教室の集客を目的としたバナーの添削です。

文字と人物画像のバランスが悪かったので人物の向きを反転させて文字を配置しなおしています。

Before（添削）

文字が見えにくいので
背景と白抜き文字の
コントラストを
高くしましょう

写真の目線の先のあたりが
一番注目されやすいので、
ここに見てほしい
情報を入れましょう

大切な情報ですが見づらいです。
右側に帯をつくって文字情報をまとめて読みやすくしましょう

After（添削後）

一番視界に入ってくる
位置に大切な情報を
置きました

帯をつくって、その中に
文字情報をまとめたことで
視認性がアップしました

写真を反転させ、右側に文字情報をまとめたことでメリハリがつき、読みやすさもアップしました

次は学習塾の夏期講習のバナーです。最初からよくできているのですが、文字の上下を入れ替える、人物画像を少し小さくするなど、ちょっとした工夫でぐんとプロっぽいデザインになります。こういったことはデザインの入門書などにも細かく書かれているわけではないので、プロから手ほどきを受けることで身につきます。

Before（添削）

After（添削後）

文字の大きさ、行間、白抜き文字のフチの色、帯の高さなどを調整したことで、スッキリと読みやすくなりました

写真を少し小さくしたことで、画面全体に適度な余白が生まれました

要素やそれぞれのパーツのデザインは一切変わっていません。しかし、サイズや空間の使い方を変えるだけで視認性がアップしました

次ページはクリスマスシーズンのカラオケの集客を目的としたバナーです。初心者がやりがちなのが、この例のように人物の「顔だけ」を入れてしまうこと。これだと“カラオケ感”が薄くなってしまいます。少し手間ですが、きちんと「歌っている人の画像」を探してくるだけでぐんとカラオケのバナーっぽくなります。こういうときこそ画像生成AIを使うのもおすすめです。

このようなことは、ある程度まではデザインの入門書を読めば書いてあるものの、いろいろな本を大量に読むのは大変です。また、「本を読む」ことと「人から教わる」ことでは、定着に差があります。

本を１度読めば覚えられるという人はよいのですが、多くの人は読んだだけでは身につかないのではないでしょうか。わたしも手を動かしながらのほうが、そして人から学んだほうが身につく実感があります。わたしと同じタイプの人にはデザイン添削がおすすめです。

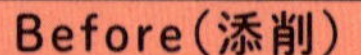

下のほうに文字がギュウギュウに詰まった印象なので、コピーの位置をもう少し上にあげてみましょう

カラオケなので、楽しそうに歌っている女性の画像がよいでしょう

カラオケ２時間パックと１名様500円が一体になって見えるように工夫しましょう

緑１色になってしまっているので、文字の部分に白帯を敷くとメリハリが生まれます

After（添削後）

文字の大きさ、位置を調整し、白帯に文字情報と写真をまとめたことで全体にメリハリが生まれました

歌っている女性の画像に変えたことで、写真からもカラオケ感が伝わってくる

「今年のクリスマス～」というキャッチコピーの位置を変更し、白い帯をつくったことでメリハリが生まれ、時間や金額などの重要な情報が読みやすくなりました

デザイン添削を受けるコツ

デザインの添削を受けるとき、自分のデザインが公開されることを恥ずかしがる必要はありません。

それよりも、**「どこを改善したいのか」「どの部分に悩んでいるのか」を具体的に伝えることで、より的確なフィードバックを得られます。**一度の添削で完璧になることは難しいため、指摘された点を修正し、何度も提出を繰り返すのがおすすめです。そのうちに、自然とデザイン力が向上していきます。

添削のフィードバックを受けたら、指摘された部分を修正するだけでなく、必ず全体のバランスも見直しましょう。

一部分を直すと、全体の構成や印象も変化します。

そのため、修正後は全体を整える習慣をつけることが大切です。よくあるミスは、指摘された箇所だけを直して終わってしまうことです。しかし、より洗練されたデザインに仕上げるには、全体を俯瞰し、細かな調整を重ねることが欠かせません。

試行錯誤を繰り返しながら手を動かし、「量をこなすことで質が高まる」というサイクルを意識しましょう。

デザイン添削への心構え

添削を受ける際に大切なのは、「他人と比べて落ち込まないこと」です。優れた作品を見て「自分は下手だ……」と悲観するのではなく、「この作品から何を学べるか？」と前向きに考えましょう。他人の作品は、刺激を与えてくれる貴重な存在です。インスピレーションの源と捉えれば、学びが深まり、モチベーションの向上にもつながります。

自分のデザインに自信がないと、その不安はクライアントにも伝わってしまいます。最悪の場合、提案したデザインが全ボツされることもあり得ます。そのため、事前にフィードバックを受けることに慣れ、改善することに耐性をつけておくことが意外に大切です。

いまでは便利なツールが充実しており、誰でも簡単にデザインをつくれる時代です。しかし、客観的な視点がないままつくると、独りよがりなデザインになり、素人っぽさが抜けません。質の高いデザインを目指すなら、第三者の意見を取り入れながらブラッシュアップしていきましょう。

ちなみに、わたしのデザインスクールやMentaでは、新規登録者向けに無料の添削サービスを提供しています。実際に体験してみるのが一番なので、ぜひ無料サービスを活用してみてください。

- AITECH SCHOOL
  (https://aitechschool.online/trial/)

- Mentaの著者ページ
  (https://menta.work/user/22914)

- デザイン添削の例
  AITECH SCHOOL
  (https://www.instagram.com/aitech_webdesign)

STEP 03

まとめ

- 模写でデザインの「守破離」を学ぶ＝「型」が身につく
- 模写をすることでデザインの基礎が自然と身につく
- デザイン添削でプロのセンスを学ぶ
- デザイン添削をしてもらうことを恥ずかしがらない
- 他人と比べて落ち込まない

「模写をして、元のデザインより
下手だったら嫌だ」
「添削でダメ出しをされたくない」
などの気持ちはわかります。
でも人と比べるのではなく、
昨日の自分よりどれくらい
上達したかが大事です。
「自分軸」で、上達するためと
割り切ってチャレンジしましょう。

STEP 04

ノーコードツールを使って「たくさんつくる」で稼ぐ

ノーコードで時短すれば たくさんつくれる

Webデザイナーとしてすでに活動されている読者の皆さんはご存知だと思いますが、**「単価が高い案件を獲得して数をつくる」ことができればできるほど、収入はアップします。**

1案件あたりの相場を考えると、バナーだと5000〜1万円です。ところが「LP制作」だと安くて5万円〜、高くて20万〜30万円、一番多い価格帯で15万円前後です。バナーを複数個つくるより、LPをつくったほうが少ない稼働時間で大きく稼ぐことが可能です。

ところが、これまでは「LPをつくる」のはなかなか難しいことでした。HTMLなど、プログラミングの知識がなければつくれなかったからです。

しかし、最近は自分でコードを書けなくても直感的な操作でWebサイトやアプリがつくれる、ノーコードツールというものが出現しています。これを使えば専門知識がなくてもLPを受注し、制作することが可能です。

そこで、ステップ4では、**ノーコードツールを使ったLPの制作**について説明していきます。

方法としては、基本的には「Illustrator」や「Figma」といったデザインツールでトップ画像など必要な素材を作成し、「Studio」

といったノーコードツールにそれを移行して公開することになります。ここでは、Figmaを使ってトップ画像を作成します。最終的にはFigmaで制作したLPのパーツをすべてStudioへ移行してサイトを公開します。

FigmaはWebやUIデザインに特化していて、Studioとの相性もよいので、組み合わせて使うのがおすすめです。

● **Figma**
(https://www.figma.com/ja-jp/)

● **Studio**
(https://studio.design/ja)

ちなみにFigmaもStudioもGoogleアカウントがあればログインできます。もちろん新規アカウントでつくることもできますが、共通のGoogleアカウントを使えばいろいろなツールで利用できます。

Figmaで画像をつくる

はじめに、Figmaでのデザイン制作です。

まずは新規ファイルを作成し、左側のフレームメニューから「デスクトップ」を選び、右側のバーで1440ピクセル幅のフレームを用意します。

「フレーム」はPhotoshopでの「アートボード」に相当します。Figmaでは、フレーム上でLPのレイアウト作成を進めます。Photoshopではアートボードと呼ばれていましたが、Figmaではフレームと呼ぶことに注意してください。

①参考デザインを分析

ここでは、Web制作の受注用LPをつくってみましょう。あらかじめ用意した参考サイトのデザインを元に制作を進めます。

まず、参考デザインをコピーし、サンプルとして表示します。

見本では、左側にキャッチコピーとサブコピーのテキストが配置してあります。

Webデザイン、SNS運用代行、チラシ・名刺など、提供可能なサービス内容が掲載されていますね。

また、**このLPは集客を目的としているため、すぐに購入を促**

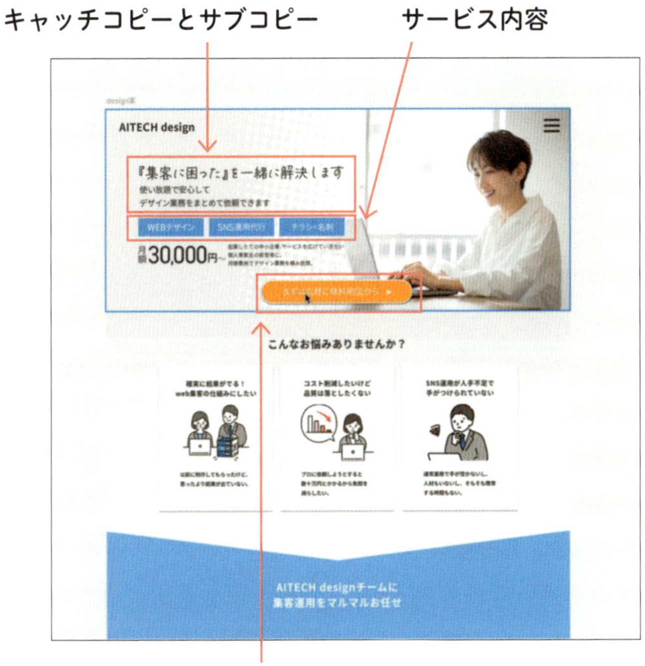

無料相談ボタンでLINEに誘導

すのではなく、「無料相談」のボタンを配置してLINE登録に誘導する仕掛けになっています。必要に応じて特典も用意し、LINE登録から無料面談や無料相談へとつなげることで、コンバージョン率（CVR）の向上を狙っているのです。**この形式をとる場合は、さらに、クリック後にどのページに飛ぶかも考えておくとよいでしょう。**

向かって右側にイメージ画像、左側にキャッチコピーなどのテキスト、加えて下部の「お悩みありませんか？」の部分で、ユーザーの抱える課題に訴求しようとしています。これにより、悩みを持つユーザーが無料相談に進みやすい導線が整います。

②見本をFigmaに設置する

制作にあたっては、見本をコピーし、透明度を30%程度に設定して下に配置します。これをトレースするような感覚で、新しいLPのデザインをつくっていくわけです。

テキストや画像などの位置を決める際は、定規機能を利用してガイド線を引くとつくりやすいでしょう。ガイド線は、Figmaの「表示」メニューから定規をオンにし、ドラッグして引くことで作成できます。

これにより、要素同士のバランスをとりながら、整然としたデザインを実現できます。全体の中央位置も事前に設定しておくと、テキストの位置やレイアウトの調整がしやすくなります。

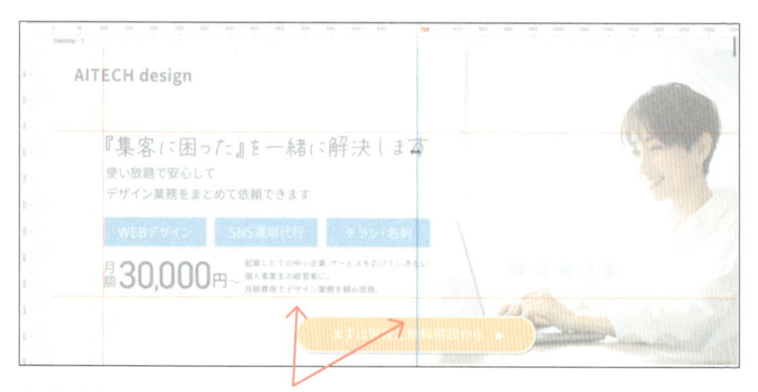

定規機能を利用してガイド線を引いておく

③生成した画像をトリミングして配置する

ステップ2でつくった、ImageFXで生成した画像をFigmaに配置し、大きさを整えて全体のバランスをとります。

画像に背景がある場合は、背景を加工したり、トリミング（人物だけをくり抜いて背景を削除する）したりして調整する必要があります。人物だけを切り抜く場合は、Figmaのプラグイン「Remove Bg（リムーブ・ビージー）」を活用しましょう。

● **Remove Bg**
（https://www.remove.bg/）

Remove Bgは、画像の背景を自動的に透過または削除できるオンラインツールです。AIが画像を解析して、人物や対象物を切り抜いてくれます。

このプラグインはFigma上で使うことができますが、会員登録が必要になります。Remove BgのWebサイトにログインし、APIキーを生成してコピーしてください。その後Figmaに戻り、Remove Bgのメニューの詳細を確認します。

次に、APIキーをセットした状態で「remove.bg」を実行してください。

実行後、背景が正しく消えているか確認しましょう。画質に若干の問題はあるものの、基本的な切り抜き処理は問題なく行なえるはずです。

Remove Bgを使って人物を切り抜き、配置する

また、より精度の高い切り抜きを行ないたい場合は、Photoshopを利用するのがおすすめです。ちなみに精度はそこまで求めない、簡単なほうがいいという場合、Photoshopにも自動的に背景を削除してくれる機能があります。

なお、**Figmaに画像を貼り付ける際は、pngまたはjpg形式の画像しか貼り付けられません。**注意してください。

④AIで生成した背景を合わせる

次に、ステップ2でつくった幾何学模様の画像を背景として挿入します。画像の大きさを適宜調整し、テキストやその他の要素とのバランスを見ながら配置してください。

不要な部分はあとから切り取ることも可能です。

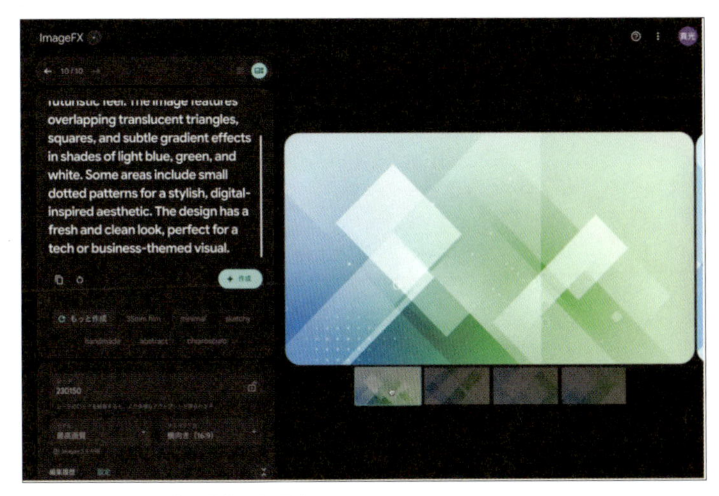

生成AIでつくった背景画像を配置する

ちなみに、今回は幾何学模様ですが、淡い色調で人物画像を邪魔しないように調整されています。このように、背景画像としてはシンプルで使いやすいものを選びましょう。オフィスの写真を使うにしても一般的な、シンプルな内装のオフィスの写真を選びます。また、ドットなどの抽象的なパターンを画像生成ツールで作成する方法もあります。

背景画像と人物画像を貼り付けた状態

これで、ヘッダーの画像ができたことになります。

⑤データを整理する

FigmaでつくったデータをいきなりStudioに移しても一応形にはなるのですが、移行後の作業をスムーズに行なうためにはデータの整理が大切です。

テキストについては、まとまりごとに**グループ化**や**リスト化**をしておきましょう。

たとえばロゴが2つのテキストに分かれている場合などはグループ化しておきます。

同様にタグが複数並んでいるときはリスト化しておきます。

このとき**オートレイアウト機能**を使うと便利です。

オートレイアウトとは何かというと、フレーム内のテキストやタグなどの要素を整列させたり、配置や間隔を自動で調整したりする機能です。

オートレイアウトの代表的な機能

- **フレーム内の要素を整列させる**
- **要素に合わせてフレームの大きさを調整する**
- **フレームに合わせて要素の大きさを調整する**
- **テキスト量に応じてオブジェクトの大きさを調整する**
- **リストの作成時に要素の入れ替えをする　　　等**

ロゴのテキストをグループ化（上）、タグをリスト化（下）

たとえば余白の設定規則をオートレイアウトで管理しておくと、Figmaでつくったデータを Studioに移行した際にも自動で規則が適応されるため、デザインが崩れずきれいに移行できます。

⑥画像を整理して書き出す

また、画像も整理が必要です。

HTMLでサイトをつくる場合、ヘッダーの幾何学模様の画像と女性の画像は1つの画像として背景に設置するという扱いになります。つまり、バックグラウンドの要素に画像を入れていくので、1つにまとめて書き出しておく必要があります。

こういった形で、ホームページ上で使うデータをきれいに整えておくことが必要です。

Studioは自動とはいえ、できあがったデータ自体はHTML、CSSで表示されます。そのため、ある程度はHTML、CSSのことをわかっていることが望ましいです。HTML、CSSの仕組みや構造を理解できていなければ、表示されたものが自分の想定と違っていても修正ができないこともあるからです。

本書では言及はしませんが、HTML、CSSの基礎知識も学んでおきましょう。入門書はいろいろありますが、わたしのYouTubeでも必要十分な程度に解説しています。

● **【ゼロから学ぶ】HTML & CSS入門講座**
はまさんのいきなりWebデザイナーチャンネル
(https://www.youtube.com/watch?v=Y_A2sazcl4s&list=PLrvNbWXBZF2DFYr1M0AEhgNp1Nggwgaov)

とはいえ、それは時間もかかります。いまの段階では、**隣り合ったテキスト、同じグループのタグやテキスト、1つの画像として表示されそうなものは整理しておく、といった理解で十分でしょう。**

もう1つ、注意点としては**「名前のつけ方」**も整合性を保つようにしてください。ロゴのデータなどを画像として書き出す場合、半角英数字で名前をつける必要があります。**「logo1」「logo2」といったように規則性を持たせるとデータ自体が見やすくなりますし、のちのち管理がしやすくなります。**

ヘッダーの下部分も つくってみよう

同じように、ヘッダーの下の部分もつくってみましょう。次の画像の部分です。

ヘッダー画像の下の部分をつくる

今回つくっているのは集客を目的としたサイトなので、いろいろなお悩みを見せています。

つくり方はヘッダーの制作時と同じで、見本を元に製作していきます。見本は動かないようにロックして、上からコンテンツをつくっていきましょう。

まず、新規ファイルをつくります。新規ファイルは、先ほどつくったヘッダー1の下の階層に入れましょう。

透かして作成する場合は、透明度を20%に設定すると元画像が薄くなります。もしくは新規ファイルの塗りの%を0にしておくと、透かして見ることもできます。

はじめにフレームをつくり、コンテンツの高さを決め、背景の色も決めていきましょう。色は下のレイヤーをクリックして、背景色をスポイトで吸い上げると便利です。

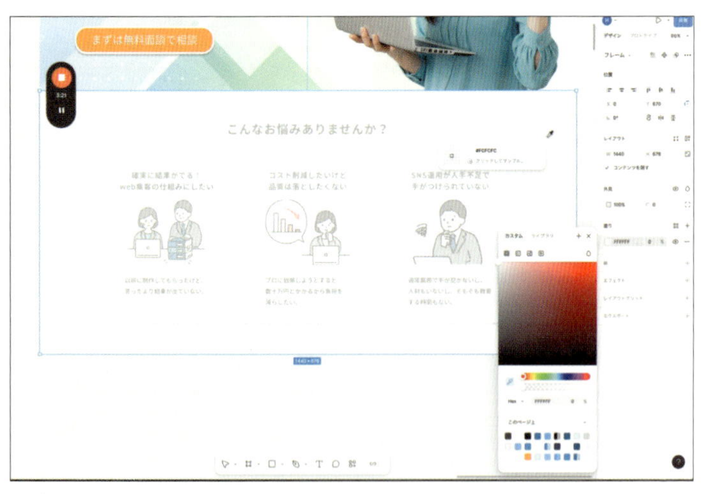

スポイトで色を確認して背景色を決める

ヘッダー画像を見ながら制作する場合は、お手本を表示した状態で作業を進めるとやりやすいですが、作業の過程で手本画像の表示をオフにした場合には、位置がわかりにくくなることがあります。

そうならないためにガイド線をあらかじめ引いておきます。まず定規を表示させ、定規の上から垂直方向と水平方向にガイドを引き出し、画像の大きさを測っておくといいでしょう。ガイドは表示をオフにしても残るため、これを目安に作業を進めることができます。ここまでで準備ができました。

あとの工程はヘッダー画像と同じように各部をつくっていきます。

①テキストを入力する

テキストの「こんなお悩みありませんか？」を入力します。

背景の色を薄くしてお手本の画像を見ながら制作してもかまいません。文字を中央揃えにし、画像の真ん中に配置します。フォントサイズは大きめの36ポイント程度に設定します。

テキストをコピー＆ペーストする場合は、MacであればOptionキーを押しながらクリック＆ドラッグで移動させると便利です。その後、コピーしたテキストの内容を適宜変更します。

テキストの制作に悩む場合は、生成AIを活用することも有効です。たとえば、ステップ2で紹介したChatGPTや天秤AIなどにテーマや目的を入力することで、キャッチコピー案を生成してもらうことができます。

説明の「以前に制作してもらったけど、思ったより結果が出ていない」の部分は、先ほどと同様にコピー＆ペーストで配置し、必要に応じてフォントサイズを小さくします。見本を見ながら、テキストの位置を調整しましょう。

タイトル「確実に結果が出るWeb集客の仕組みにしたい」部分を目立たせたい場合は、説明文よりも**フォントサイズを大きくしたり、フォントの種類を変えたりすると効果的です。今回に限らず、フォントサイズの差（ジャンプ率）をつけると、視覚的なメリハリが生まれます。**「注目してほしい順番に大きく太く」が鉄則ですが、1つの項目で3つも4つも違う大きさのフォントがあると読みづらいので、2〜3種類程度にとどめます。

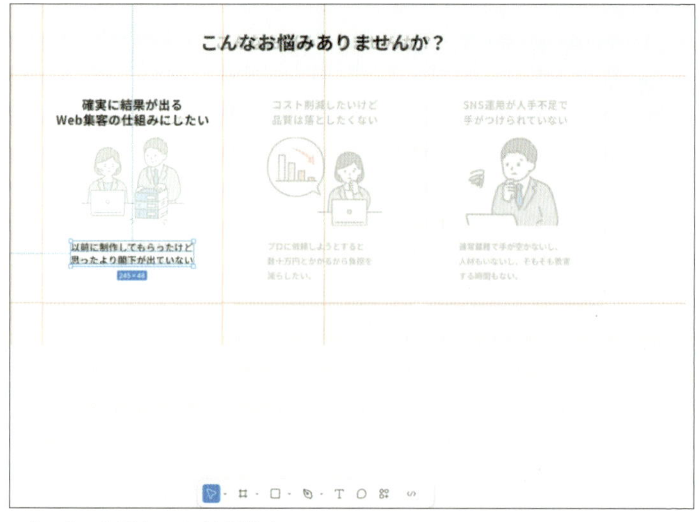

テキストの位置やサイズを調整する

②イラストを配置する

次にイラストを用意します。今回は、フリーイラストサイトの「ソコスト」を利用します。ビジネス系のイラストが多く、種類も豊富で探しやすいサイトです。

- ソコスト（https://soco-st.com/）

- ちょうどいいイラスト（https://tyoudoii-illust.com/）

- Loose Drawing（https://loosedrawing.com/）

フリー素材を使用するほか、画像生成AIを使ってオリジナルのイラストを作成したり、Adobe Stockなどの有料サイトを使ったりしてもいいでしょう。

イラストを探す際は、キーワードをある程度絞って検索すると見つかりやすいです。今回は、男性と悩んでいる女性のイラストを選びました。

イラストのファイル形式はサイトによって異なるものの、ベ

クター形式のSVGでダウンロードすると、イラストの各パーツ（手や耳など）が個別に管理されているため、色の変更などが容易に行なえるのでおすすめです。とはいえ、一般的なpng形式でも問題はありません。

イラストをダウンロードしたらFigmaに配置します。ドラッグ＆ドロップで簡単に配置できます。

イラストの一部の色を変更したい場合はダブルクリックで変更したいパーツを選択し、色を選択します。

カラーピッカーやスポイトツールでパーツの色を変更できる

イラストのサイズを小さくする際は、Shiftキーを押しながらドラッグすることで、縦横比を維持したまま調整できます。今回は幅を240ピクセル程度に調整します。

通常、Webサイトなどに使用する場合は、Figma上で作成した画像をpngなどのファイル形式で書き出して配置します。

Figmaに配置したSVGのイラストは、パーツごとに分かれているため、Webサイトにアップロードする際にバラバラになってしまうことがあります。そのため、イラストを「統合」して1つの画像として扱えるようにします。イラストを選択し、右クリックメニューから「統合」を選択します。これで、イラストが1つのベクター素材になりました。

③要素をグループ化してオートレイアウトを設定する

タイトル、イラスト、説明文の配置を調整します。必要に応じて、要素間の余白などを調整してください。複数の要素をまとめて管理するために、ヘッダー画像の制作の際にも行なった**「グループ化」**を行ないます。**タイトル、イラスト、説明文の3つの要素を選択し、右クリックメニューから「グループ化」を選択します。**

グループ化した要素をオートレイアウトに設定すると、余白や配置を数値で簡単に調整できるようになります。グループを選択した状態で、右側のプロパティパネルからオートレイアウトを設定します。

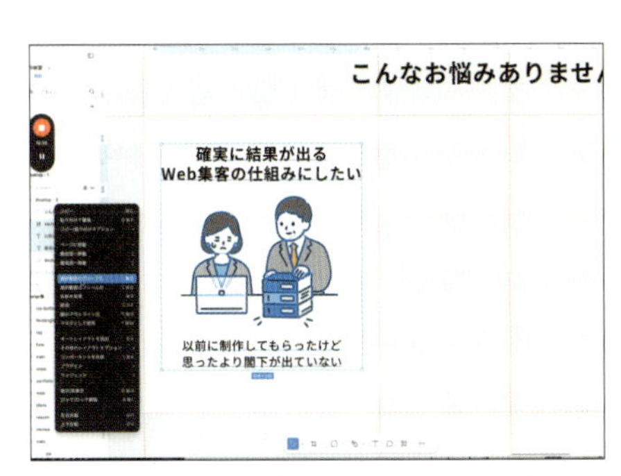

「選択範囲のグループ化」を選ぶとグループにできます

オートレイアウトを設定すると「フレーム」になります。グループは単純にグループ化するだけですが、「フレーム」はシェイプ、テキスト、画像などのデザイン要素を保持してくれます。

④フレームを複製して配置する

作成した要素（Problem01のフレーム）をコピー＆ペーストで複製し、必要な数だけ配置します。ガイドラインなどを参考に、要素間の位置を調整してください。今回は3つの悩みを表現するため、3つの要素を横に並べて配置します。複製したフレームにも、それぞれ「Problem02」「Problem03」といった名前をつけておくと管理しやすくなります。

複製した要素内のテキストとイラストを、それぞれの悩みに合わせて変更していきます。お手本を見ながら、フォントサイズや行間なども調整しましょう。イラストを変更する際は、既存のイラストを削除し、新しいイラストを配置します。必要に応じて、サイズや位置を調整してください。

イラストを変更したら元のイラストと同じサイズにしなければなりませんが、そのとき縦横比が変わると、細長くなったり反対に横長になったり、人物のバランスが崩れてしまいます。そうならないためには、**アスペクト比欄の横にある「アスペクト比をロック」のチェックボックスにチェックを入れることを忘れないでください。**

「アスペクト比をロック」をチェックしておくと画像の縦横比が変わらない

3つの「お悩み」ができたら、「グループ」>「オートレイアウト」で整理してください。3つの要素の余白を自動で調整してくれます。これで「お悩み」のパートは完成です。

● **読者特典サイト**
(https://media.aitechschool.online/books/)
Figmaの完成デザインデータをプレゼント

Figmaでつくったデザインデータを Studioに移動する

Figmaでつくったヘッダーとお悩み相談をStudioにコピーします。

あらかじめ、**「Figma to Studio」**というプラグインを**ダウンロードしておいてください。このプラグインを使って、Figamaのデータをコピーしてスタジオに持っていきます。**

「Figma to Studio」で検索するとプラグインが表示されます。

ダウンロードの際の注意点としては、必ず自分のFigmaのアカウントにログインして、場所を指定して開いてください。

その上で、前節までに制作したファイルを開くと、プラグインが実行できるようになっています。

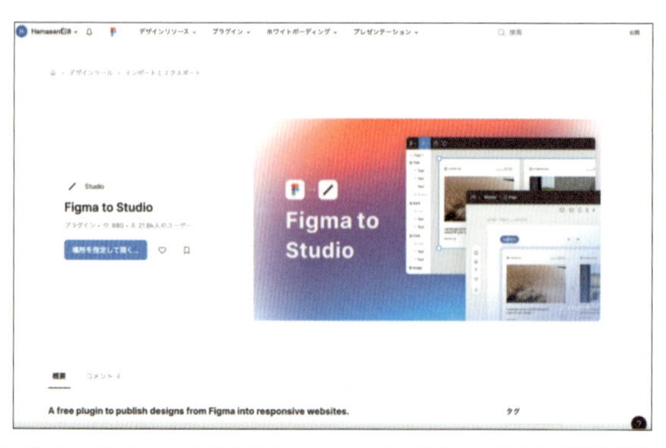

「Figma to Studio」は、Figmaに自分のアカウントでログインしてから場所を指定して開く

①プラグインを使って移行する

移行には、最初にダウンロードしたプラグイン「Figma to Studio」を使うので、立ち上げましょう。

立ち上げると、先ほどつくったフレームが選択されているので、画像をコピーしてStudioに持っていくことができます。

立ち上げるとStudioのログインボタンが真ん中に表示されるので、クリックしてStudioのログイン画面からログインしてはじめましょう。

「Copy to Clipboard」(上)をクリックして「Ready to paste」(下)に変わったらコピー完了

ログインできている場合、Figma上で「Copy to clipboard」というボタンが表示されるのでクリックすると、「Ready to paste」という表示に変わります。これでコピー&ペーストができる状態になっている＝移動の準備ができている、ということになります。

ここでの注意点としては、重いデータだとコピーができない場合もあるので、**画像データを軽いjpgに書き出すなどして、なるべく1MBより小さい状態のデータにしておきましょう。**もしくは、部品ごとにコピーしてStudioに貼り付けても大丈夫です。そうすると問題なくコピーできます。

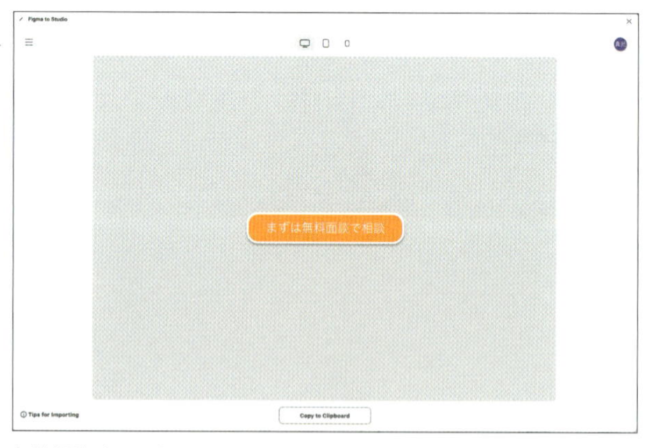

無料相談ボタンだけをコピーしてStudioに貼り付けることもできます

コピーができたらStudioに移動します。

Studioにログインしたら、新しいプロジェクトをつくって空白からはじめます。

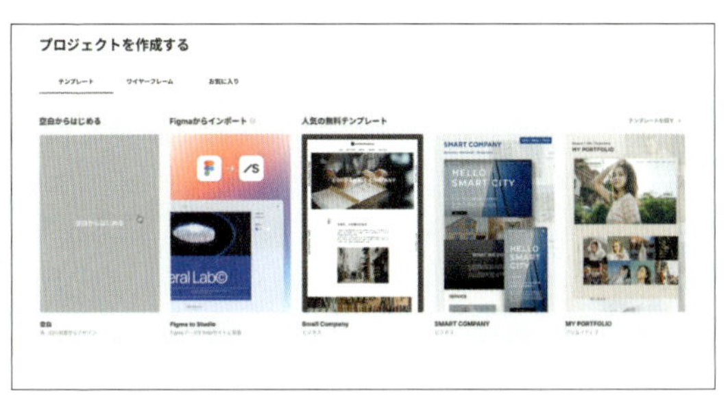

「空白からはじめる」を選択します

空白のフレームに、Figmaでコピーしたものをペーストします。Macであれば「command v」でペーストすると瞬時に画像が出てきます。

こう書くと簡単なのですが、実際に仕事として受ける場合は、スマホバージョンも必要なのでStudio上でデータを編集して整えていく必要があります。

現状では、ひとまずPC上でしっかりきれいに見えていれば問題ありません。

表示された画像は、「デザインをインポート」をクリックすると移行が完了します。

「デザインをインポート」で移行が完了

データがFigma上できちんと整理されていると、Studioでも問題なく表示されます。

またFigmaでオートレイアウトしておくと、Studio上でPCバージョンでもスマホバージョンでも、どちらもある程度美しく表示されるというメリットもあります。

②スマホバージョンの見え方を整える

ある程度整った状態で表示されるものの、移行して表示した場合にどうしても思い通りの表示ではないこともあります。特にスマホバージョンの表示は調整が必要な場合が多いです。

調整が必要な場合も、個々に設定しなおすのではなく、オートレイアウトにしておくのがおすすめです。テキストの幅、ボックスの幅などをオートレイアウトで設定すると、スマホでも美しく表示されます。

ちなみに、スマホバージョンの表示にした場合に起こりがちなことは、次のようなことです。

スマホバージョンの表示にした際に起こりがちなこと

- **テキスト表示の際、スペースや改行位置が変わる**
- **ボックスの幅が変わる**
- **背景画像が入りきらない**
- **ボタンの位置が変わる**

また、縦長のスマホデザインでは、PC版と大きく異なるため、スマホ用の背景画像を用意するのもよいでしょう。スマホ用には、タブレットくらいのサイズ、あるいはそれよりも少し縦長の画像が適切です。ImageFXで生成した画像をスマホ用に配置し、デザインしなおします。

今回、ヘッダー部分は女性と背景画像を一緒に書き出して挿入することにしました。画像の位置やサイズや色などを調整し、全体のバランスを整えます。

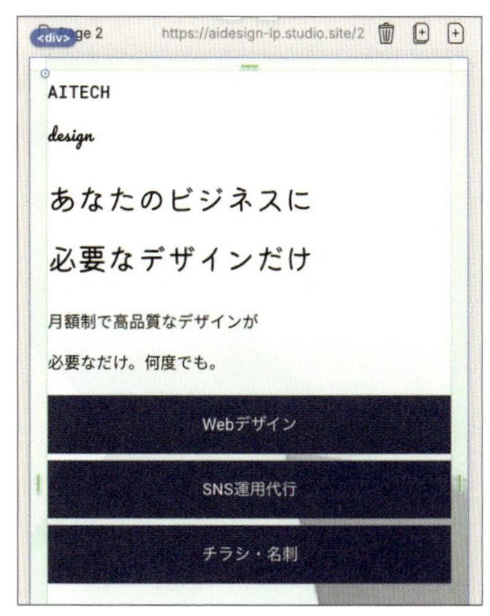

スマホバージョンの表示を確認します

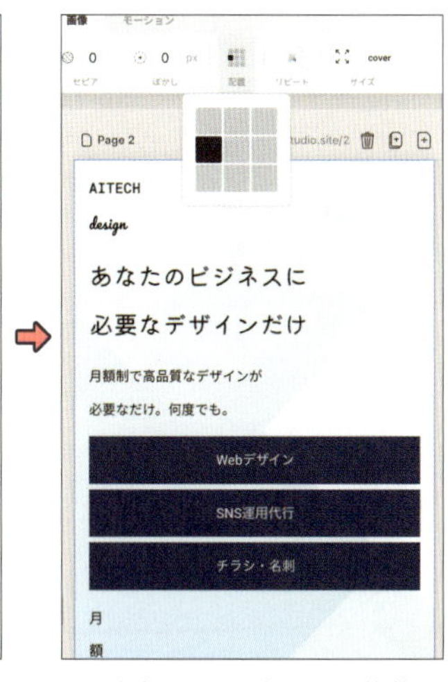

PCが映り込んだような状態になっていたのを調整しました

背景画像を書き出す際は、1.5倍程度のサイズでエクスポートするといいでしょう。幅が375ピクセルの画面の場合、画像の幅は大きめに書き出さないと画質が悪くなる可能性があります。ファイル名は「bg_sp(smart phone)」など、スマホ用とわかるようにしておくと、あとで混乱することがありません。背景だけを書き出す場合は、ヘッダーの他の要素を非表示にしてからエクスポートします。

Figma やStudioの細かい設定は多岐にわたります。「習うより慣れろ」で、1つ画像をつくってFigmaからStudioに移行してみて、いろいろな機能を試してみてください。

③公開する

PC用、スマホ用、それぞれのデータを整え、前述のヘッダー画像以外の必要な箇所もできあがったら公開します。

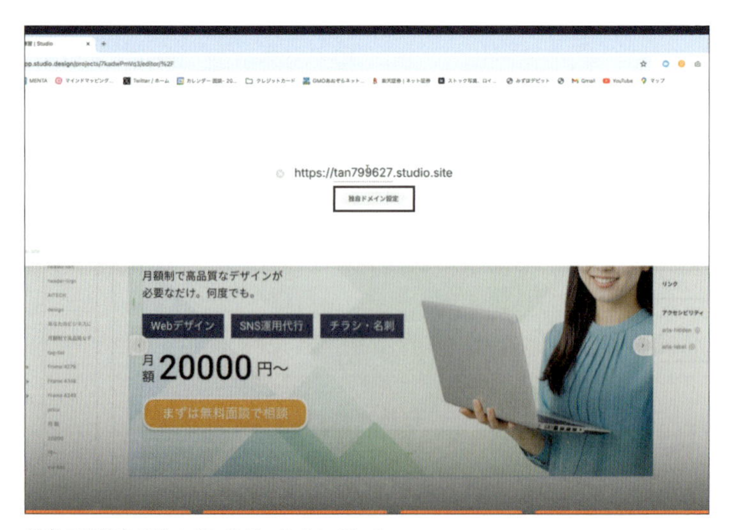

任意の英数字でドメイン名がつけられている

公開は公開ボタンをクリックするだけなのですが、最初の「任意の英数字.studio.site」というドメインになっています。ドメインとは「.com」や「.co.jp」にあたる部分です。インターネット上の住所のようなもので、Webサイトやメールアドレスの場所を特定したり、企業やサービスを識別したりできます。

無料で使用している場合には、「任意の英数字」の部分だけ自由に変更することができます。有料版であれば「.studio.site」の部分も変更できます。また、独自ドメインを取得することで、自社名や自社のブランド名を使ったオリジナルドメインを作成することも可能です。

独自ドメインを取得したい場合は、「お名前.com」などのドメイン取得サービスがあります。

- **お名前.com**
  (https://www.onamae.com/)

- **読者特典サイト**
  (https://media.aitechschool.online/books/)
  Figma→Studio移行の説明動画がDLできます

STEP 04

まとめ

- ノーコードツールを使えばLPの受注・制作のハードルが下がる
- Figma+Studioの組み合わせが使いやすい
- LP制作も基本はお手本を模写しながら
- イラストを使用したい場合はフリーのイラスト素材サイトを検索
- データの整理、グループ化、フレーム化でスムーズに移行できる

ノーコードツールを使えば知識がなくてもLPをつくれます。でも表示を変えたい、スマホ表示を見栄えよく見せたいというようなときには、HTMLの知識があったほうがよりよく直せます。時間があるときに、ぜひHTMLについても学んでみましょう。

STEP
05

ブランディング力を
高めて
顧客の心をつかもう

顧客の心をつかむ
ブランディング力

「デザインスキルはあるのに、なかなか仕事が獲れない……」
「単価が上がらなくて苦しい……」

こう感じているWebデザイナーの多くは、実は**「ブランディング力」**が足りていないケースが多いんです。

ブランディング力とは何かというと、売り込みをする力です。売り込み力といってもいいでしょう。

デザイナーとして優れた作品をつくっても、そもそも自分がどんな人間で、どんな強みを持っていて、顧客にどんなメリットを与えられるのかをうまくアピールできていなければ、仕事を獲得できません。この、**「自分の強みをアピールする力」こそ売り込み力であり、ブランディング力です。**

そこでステップ5では、自分自身をブランディングして顧客の心をつかむための「売り込み力」を解説していきます。

まずは自分を正しく分析し、ターゲットの悩みを深く理解し、そのニーズに応じた提案をつくる。このプロセスこそが、安定して稼ぐための鍵となります。

自己分析をして ブランディングしよう

ブランディング力＝売り込み力とは、相手のニーズを正しく理解し、自分と仕事をすることで得られるメリットを明確に伝え、納得してもらう力のことです。

まずは自己分析を深め、「自分はどんなデザイナーなのか？」を掘り下げてみましょう。これまでどのような経験を積み、どんなスキルや強みを持っているのかを整理することが大切です。

- **過去の仕事やアルバイトから得た問題解決力**
- **接客業の経験から身についたコミュニケーション力**
- **失敗談も含めた人間味**

こうした一見メリットとも思えないような要素が、あなたの「USP（Unique Selling Proposition）」、つまり他の人にはない「あなただけの売り」を形づくります。

Webデザイナーとして仕事をはじめたばかりの人がおちいりがちな失敗の1つに、「わたしはデザイナー初心者です」と正直にプロフィールに書いてしまうことがあります。

誠実な自己紹介に思えますが、依頼する側の立場になって考えると、お金を払ってまでわざわざ初心者に仕事を頼みたいとは思わないでしょう。だからといって、嘘の経歴を書くべきというわけではありません。**大切なのは、伝え方を工夫することです。**

自分の強みや意欲がしっかり伝わるように、表現を工夫しましょう。

プロフィールには、あなたが大切にしている価値観やスタンスを盛り込みましょう。単に経歴やスキルを並べるだけでなく、悩みを解決できるデザイナーであることを伝えます。自分自身の個人的な経験が顧客の問題を解決する可能性を秘めています。

自己分析の方法は?

自分の強みがどこかわからない、魅力的なプロフィールのつくり方がわからない、という人におすすめの方法があります。

それは、3つの項目について、エクセルなどに書き込んでいき、それを元にUSP(Unique Selling Proposion)を見出すという方法です。わたしのオンラインスクールの生徒さんにもやってもらっているもので、次の手順で行ないます。

手順1　過去の経歴を振り返りましょう
手順2　自己分析のための質問に答えましょう
手順3　自分がどんなタイプ・属性なのかがわかる診断テストをやってみる

「手順1　過去の経歴を振り返りましょう」は、①うまくいっているときの結果を抽出する、②感想や行動したことは入れない、③どんな行動をしてその結果が出せたのか深掘りするがポイントで、自分がこれからやりたいことに関わるエピソードから探していってください。

たとえば、これから写真の仕事をしたいと思っているとします。その場合、「集合写真を撮ってアルバムをつくった」とか「写真が苦手な新郎のブライダルフォトを撮影することになり、事前にコミュニケーションをとることで、撮影当日に"楽しかった"と言ってもらえた」とか、そういったことです。**自分が嬉しかったとか、自分が頑張ったとかそういうことではなく、あくまで相手がどう言ってくれたか、感じてくれたかがポイントです。**そのようにして「相手が喜んだこと」を深掘りしていけば「相手に寄り添う提案をすることでうまくいく」といううまくいく場合の共通点が見出せます。

「手順2　自己分析のための質問に答えましょう」では、次の4つの質問に答えます。

自己分析のための4つの質問

- **いままで自分に任された役割は何ですか？**
- **これまでにどんな悩みを聞いて対応してきましたか？**
- **どんな人にどんな貢献をしてきましたか？**
- **人にイラッとすることは何ですか？**

この4つの質問に答えることで、あなたがどんなときに力を発揮できるのか、どんな人に対して役立つことができるのか、また、あなたの嫌なことも明確になります。

「嫌なこと」の反対のことがあなたが好きだったり、居心地がよかったりすることです。つまり、あなたが「無責任な行動をとられるとイラッとする」のであれば、あなたは「責任感がある人」なのです。**他人がそれをしてしまうと不機嫌になってしまうくらい、あなたが普段から大切にしていることは、あなたの強みになります。**

プロフィールにも「責任感があり、引き受けた仕事は必ず納期までに納める」などと表現できるはずです。

「手順3　自分がどんなタイプ・属性なのかがわかる診断テストをやってみる」は、次のリンクのような、インターネット上でできる無断診断などでいいので、自分がどんな人間かがある程度判断できそうなものを探してやってみてください。

- Big5性格診断（https://big5-basic.com/front/index.php?route=logic/diagnosis）

- 4タイプ判定テスト（よんぴた）（https://yonpita.streamlit.app/）

わたしの生徒さんが、この3つの手順を実践し、整理したものの抜粋が右のシートです。

自己分析シート例

自己分析の方法１　過去の経歴を振り返りましょう
①うまくいっているときの結果を抽出する
②感想や行動したことは入れない
③どんな行動をしてその結果が出せたのか深掘りする
結婚式の撮影で、写真が苦手であまり乗り気ではなかった新郎さま。挙式当日のスナップ撮影を担当したが、お支度中の撮影からコミュニケーションをとり、ほかのスタッフにも協力してもらい、この瞬間を楽しんでもらえるようにいろいろなアイデアを出して写真を撮った。そのときに新郎さまから「今日イチ、テンション上がったわ！」と言われた。
産婦人科でママと赤ちゃんを撮影する仕事。赤ちゃんだけ問題があって別の病院に入院となり、しばらく母子別々に過ごしたのちに退院ができ、２人揃っての撮影。（入院中に大きくなってしまったので）生後まもない赤ちゃんの撮影で使っている小物や場所が使えず、ママさんに「ここでこの抱っこの仕方で撮る感じでいかがですか？」と臨機応変に対応して喜んでいただけた。
自己分析の方法２　次の質問に答えましょう
Q いままで自分に任された役割は何ですか？
A 部活のパートリーダー・販売・サービス
Q これまでにどんな悩みを聞いて対応してきましたか？
A 会員登録やアプリ登録などでお困りのお客さまに対して積極的にアプリ取得や会員登録、ポイント移行などのお手伝いをし、顧客と店舗の架け橋の役目を果たせた
Q どんな人にどんな貢献をしてきましたか？
A 結婚式をする新郎新婦、退院するママと赤ちゃん、お店に来られるお客さま
Q 人にイラッとすることは何ですか？
A・人に迷惑をかける、または自分のことしか考えてない自分勝手な行動をとること
・無責任な態度、行動をとること
・無責任な態度、行動をとること
自己分析の方法３　自分がどんなタイプ・属性なのかが分かる診断テスト
司令型 司令型の基本的な欲求は、勝負にこだわる点です。 努力家で、常識人のしっかり者。だからこそ上司、部下や目上、目下などの上下関係に敏感で礼儀正しく、部下や後輩が生意気だと腹を立ててしまいます。能力の差はもちろんのこと、社会的地位や序列を一番気にします。勝敗の判定ルールも、はっきりと合理的で理性的です。 他人への好き嫌いを表に出さず、誰とでもつきあいができます。

このように自己分析をしたら、自己分析シートに書いた内容をもとにUSP（Unique Selling Proposion）をつくっていきます。
自己分析シートに基づくUSPは次のようになりました。

- フォトグラファーとしてブライダルやお子さまたちを撮影し、アルバムを提供していたので写真の魅せ方や写真を活かしたデザインを制作する能力がある
- Photoshopでの写真加工もできるので、いただいたデータをより魅せる写真に仕上げて納品できる
- 一流のサービスを提供する会社で販売を担当していたためで常識的で丁寧なやりとりができる
- 食品小売業のイメージカットやウェブ用の商品撮影、販促広告用の撮影もしているので、食品や飲料などの魅せ方がわかる
- 依頼されたことのプラスアルファで提案できる

- お客さまのことを第一に考え、手の届かないところまで先回りして考えサービスをするのに長けている
- 相手のことを第一に考え、どう行動したら相手のニーズに対応できるか、また期待以上のことを提案することが得意

実は、この内容はそのまま、活動の際のプロフィールとして使えます。

この自己分析を行なった生徒さんは、自身の「coconala（ココナラ：初心者がまず出店するのにもおすすめなスキルマーケットです）」のプロフィールに次のように記載しました。

> 前職はブライダルの現場やフォトスタジオでフォトグラファーとして、ポートレート撮影や料理撮影・商品撮影などを行なってましたので写真をうまく活かすデザインが得意です。
> サービス業に長く従事してきましたので、お客様や周りの方に喜んでいただけるのが私の何よりの生きがいです。
> そのエピソードを２つご紹介します。
>
> まず、保育園の集合写真を編集していた時のこと。
> 園児さんは表情豊かで、ほんの数秒でも表情がくるくる変わります。保護者の方、ひいては園児さんが大きくなってから「こんないい顔してたんだ！」と記録ではなく記憶に残る写真を完成させたかったので、結果的に数十人分の一番の笑顔を5、６枚の中からひとりひとり選出して妥協せずに組み合わせ、最高の一枚を仕上げておりました。
>
> また、自分が出産した産婦人科での出来事。
> 同じ期間に出産したママさん達に、生まれたてほやほやの赤ちゃんと産んだばかりの勇士であるママさんの写真をどうしても残したいと思い、自分も帝王切開後でフラフラでしたが持参していたカメラでバッチリ撮影して喜んでいただけました！
>
> お客様の立場になってニーズを考慮し、期待以上の結果を提案することを得意とします。
> お顔が見えないオンラインサービス上ではありますが迅速・丁寧なお取引になるように心がけており、実際にお客様からもご評価をいただいております。

https://coconala.com/users/4131372　自己分析シートの内容がそのままプロフィールに使える

- coconala
  (https://coconala.com/)

「買ってほしい人」を リサーチしよう

自己分析ができたら、顧客のニーズを知ることが次にやるべきことです。

誰にアピールしたいのかが曖昧では、ビジネスの提案は相手に響きません。たとえば、顧客として次のような人がターゲットになるかもしれません。

- **集客に困っている地元の商店や店舗**
- **早く・安くデザインを仕上げてほしい人**
- **SNSやLPで魅力を伝えたい個人事業主**

まずはターゲットをできるだけ具体的に設定しましょう。そのうえで、相手が何に悩んでいて、どういう成果を求めているのかを調べ、「お客さんの売上にどう貢献できるか」をはっきりさせるのが大切です。

また、「ターゲットが曖昧ではっきりしない」という場合にも、ぜひcoconalaのお店をリサーチしてみてください。この場合は、自分と似たような経歴、仕事内容で出店（出品）していて、「実績・評価」が高い人のお店を見るのです。そうすると評価を寄せている人のコメントからおおよその属性がわかったり、また出店している人のプロフィールやポートフォリオから、どんな人を顧客として想定しているかがわかります。

そこまでわかったうえであなたと属性が近い出店者のプロフィールや実績を見れば、クライアントがどんな人たちで何を求めているのかわかるはずです。

つまり、あなたがいま注力したいと思っていること、たとえばバナー作成であればバナー作成で高い実績がある人のポートフォリオ、「実績・評価」欄などを見ていきます。そうするとどんな人を顧客として想定していて、顧客たちがどんなことに感謝したり、評価したりしているかがわかります。

たとえば、「買ってほしい人、クライアントは個人事業主や副業をしている人だ。そして彼らはこんなニーズがあり、こんなことができると喜ばれる」というふうに調べがつけば、「集客に困っているECサイトの管理者向けに、購買意欲をそそるサムネイルを提供します」など、ターゲットを具体的に設定できます。

漠然と多くの人に向けるのではなく、「一人の顧客像」を明確にしたペルソナを思い浮かべるのがポイントです。こうした下準備をすることで、顧客が得られるメリットを具体的に言語化できるようになります。

マーケティングにおける「悩み訴求」とは、ターゲットの悩みや欲求に寄り添い、それを解決できる商品やサービスを提示して購入や利用を促す戦略です。効果的に行なうには、まずターゲットを明確にし、彼らの悩みや欲求を洗い出しましょう。

➪ Webデザインの悩み訴求の具体例

ターゲットの悩み

- **ホームページをつくりたいが、どこから手をつければいいかわからない**
- **デザインが古臭く、顧客からの印象が悪い**
- **スマホで見づらく、問い合わせが減っている**

⇩

Webデザインで悩みを解決する

- **初心者でも安心！（打ち合わせから公開まで丁寧にサポートします）**
- **最新トレンドのデザイン！（洗練されたデザインで企業の信頼感をアップします）**
- **スマホ最適化！（スマホ対応で問い合わせ数が平均150%アップしました）**

このように、顧客の「困っていること」を明確にし、それに対する解決策を具体的に提示することで、サービスの魅力が伝わりやすくなります。

○ **読者特典サイト**

(https://media.aitechschool.online/books/)

自己分析やクライアントワークに使える

ヒアリングシート(スプレッドシート)が

DLできます

ポートフォリオをつくる

自分の強み、顧客の「困っていること」への解決策が整理できたら、**ポートフォリオ**をつくりましょう。

ポートフォリオとは、デザイナーの「作品集」のことです。

過去の作品や実績をわかりやすく整理し、新しいクライアントや取引先に向けて、自分の実力や個性を伝えるためのもの。デザイナーにとっては「名刺」のような役割を果たします。

ノーションでつくったポートフォリオ

ポートフォリオがあれば、初対面の人にも「わたしはこんな仕事をしています」とすぐに説明できます。そして興味を持ってくれた人に、次のステップで紹介する「提案書」を送ればよいのです。

しかし、わたしの生徒さんのなかにも、「ポートフォリオはつくっていません」という人が意外と多いのです。その理由は「自信のなさ」。「まだ自分の作品を人に見せるのは早い」とためらってしまうのですね。

確かに、最初のうちはそう思うこともあるでしょう。でも、その自信のなさ、恥じらいはなんとかして捨ててください。**「私はもうプロのWebデザイナーだ」と自分に言い聞かせてください。**プロであるならば、自分の作品を整理しておいて、人に見せるのは当然のことです。

ポートフォリオを1つつくっておくだけでも、ビジネスのきっかけになることがあります。これを機会にぜひ、ポートフォリオづくりに挑戦してみてください。

最近では、ポートフォリオに特化したWebサービスがあり、また、SNS自体をポートフォリオ代わりにすることもできます。

これらのサービスは、無料アカウントでも基本的な機能が利用可能で非常に便利です。従来のホームページよりも画像や作品を効率的に整理・表示できるため、視覚的にわかりやすく仕上げられます。特に、過去の実績をアピールする際には、クオリティの高い作品を厳選して掲載しましょう。

➡ ポートフォリオに使えるサービス

○ Foriio
（https://www.foriio.com/）

　イラスト、デザイン、写真など、さまざまなジャンルのクリエイターが利用する、国内最大級のポートフォリオサービスです。シンプルなインターフェースで、誰でも簡単に画像や動画などの作品を掲載し、自分のポートフォリオを作成できます。有料プランではより高度な機能も提供されています。

○ Instagram
（https://www.instagram.com/）

　写真や動画を共有するための世界的に人気のソーシャルメディアアプリです。知名度がバツグンでビジュアル重視のSNSなので、ポートフォリオ代わりになります。

ポートフォリオを作成する際に重要なのは、「この人なら、現在のビジネス課題について相談できそうだ」と思わせることです。

言い換えれば、デザインを通じて問題を解決する力があることを、ポートフォリオで効果的に伝えられているかどうかが重要です。

著者のInstagram。何をしているかが一見してわかるようになっている

やってはいけない ポートフォリオの間違い

一番やりがちな間違いは、いろいろな種類やコンセプトの過去作品を並べて「わたしは何でもデザインできます！」とアピールしてしまうことです。

「何でもできる」というのは一見魅力的に思えますが、裏を返せば「具体的に何ができるのか相手に伝わりにくい」という弱点にもなります。

大切なのは、「クライアントからこのような要望があり、それに応えるためにこの作品をつくりました」といった背景を伝えることです。

どのような課題を解決し、どのようにクライアントの期待に応えたのかを具体的に説明することで、あなたのデザインが持つ価値が伝わります。

問題解決のプロセスが明確に示されたポートフォリオこそが、信頼されるWebデザイナーとして活躍するための第一歩となります。

「独りよがりなデザイン」からは早めに脱却を！

また、ポートフォリオ作成の際には、**「クリエイティブなわたし」を見せることを目的にしないようにも注意してください。**「こんなこともできます」「こんなに前衛的な表現もできます」というふうに、つまり、「わたしはこんなにクリエイティブなデザインができます！」と作品を並べたくなってしまう人も多いのですが、それでは、クライアントに「このデザインが自分のビジネスにどう役立つのか？」が直接的に伝わりません。

美しいポートフォリオは、あなたの名刺代わりにはなりますが、それだけでは「で、うちの売上はどう伸びるの？」という問いに答えられないのです。

つまり、**ポートフォリオでは、デザインそのものより「デザインがビジネス上の課題をどう解決したか」をアピールする必要があります。**

✕「わたしはこんなデザインがつくれます」
⇨ クライアント「だから？」
◎「わたしはデザインであなたの売上アップに貢献します」
⇨ クライアント「それはありがたい！」

かんたん実践！
Notionでポートフォリオをつくる

このステップの最後に、「Notionを使ってポートフォリオサイトを作成する方法」について紹介します。

Notionはメモ作成、タスク管理をはじめとし、プロジェクトのプランニング、データベースの管理など、さまざまな機能を持ったワークスペースツールです。普段からお使いの方の多いのではないでしょうか？

わたしも使っています。わたしの使い方としては、まずはメモ帳としてNotionでメモしたものを管理したり、タスクを管理したりするために使用しています。タスク管理ツールとしてはとても優れていると感じていて、いま進んでいる仕事のタスクをどんどん追加できますし、終わった仕事は移動するなどして、視覚的に管理できるツールになっています。

タスクだけでなく目標を管理したりもできます。本書冒頭で成長ジャーナルをNotionに書くと紹介しましたが、あれもまさに目標管理です。後々ほかのタスクとも連動しやすくなります。

- **Notion**
  (https://www.notion.com/ja)

ドラッグ＆ドロップで気軽にコンテンツを追加

　このように便利なNotionですが、ポートフォリオづくりのツールとして勧めるのは、コーディングなどを使わずにドラッグ&ドロップで簡単にコンテンツを追加したり、デザインを整えたりしてサイトを公開できる手軽さゆえです。

　では、実際につくっていきましょう。非常にかんたんです。4ステップで作成できます。

手順1：新規でページをつくる

　まず、新規でページをつくっていきます。ちなみにこれまでNotionを使ったことがないという方は、Googleのアカウントが

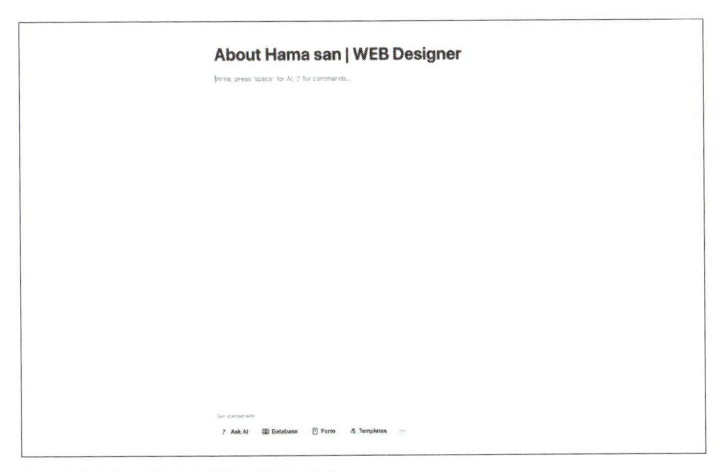

タイトルとして自分の名前、屋号を入力

あれば簡単にログインして使うことができます。もちろん、専用アカウントもつくれますので、ぜひつくってみてください。個人で使う場合は無料です(複数人でドキュメントを管理したい、チームで使いたいという場合には有料プランを使用します)。

では、最初にサイトの名前を入れていきましょう。ポートフォリオサイトなので、自分の名前を、わたしの場合は「About Hama san」とデザイナーとしての名前を入れます。屋号があるなら屋号でもいいでしょう。

ちなみに、Notionのテンプレートもフリーでたくさん出回っています。使い方がわからない場合は テンプレートを使えば、自分でデザインをあまり考えなくても大丈夫です。

手順2:プロフィールに必要な要素を加えて整理する

ポートフォリオなので、構成する要素としては自己紹介、プロフィールにあたるものと、これまで手がけた成果物、作品で構成されます。

まずは、プロフィール部分をつくっていくのですが、特に順番などは気にする必要がないので、どんどん要素を入れていきましょう。

ポートフォリオは履歴書の代わりにも使われますので、必ず入れるべき要素は①自分の名前、②経歴などの自己紹介、③どんな仕事を手がけてきたか、の3つです。前節までに説明した自己分析を行なえば、自分の強みは明らかになりますので、生年月日、最終学歴、職歴などの一般的なプロフィール情報に加え、自分の強みをきちんと書き込んでください。

また、本業でデザインと関係ない仕事をしてきたという方は、Webデザインをはじめた経緯、職歴のなかでWebデザインの仕事に役立っていることなどを書くとわかりやすいですね。

このとき、自分の名前や屋号は見出しにも当たるので、多少大きめにするといいでしょう。

ちなみに、文字サイズを変える場合は、次の画像の左の点々の箇所を押すと調節できます。

写真を入れる場合は、改行してカーソルを合わせてスラッシュ(/)を入力すると、フォーマットを選ぶことができます。画像(image)の場合は、「im」と入力すれば予測変換で出てきます。

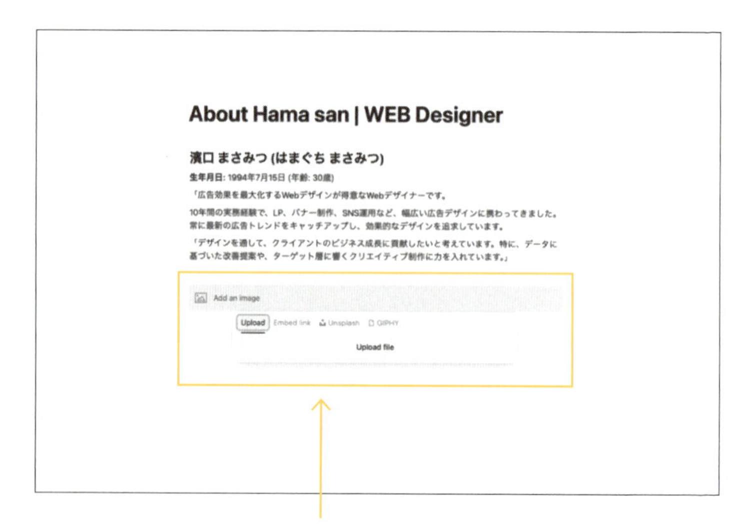

カーソルを合わせて「/」と入力すると選べる
フォーマットが表示される

プロフィール画像は大きすぎるようなら編集します。クリックして右上に行くとクロップイメージというのがあるので、トリミングもすることができます。

また、プロフィールの横に写真を配置したい場合は、写真を移動すれば2列で入れることもできます。

また、コンテンツをあらかじめ2列や3列などに並べたいと考えている場合は、文頭に「/」を入力し、「column」を選ぶと2カラムであれば2列、3カラムであれば3列というふうに、あらかじめ列をつくることもできます。

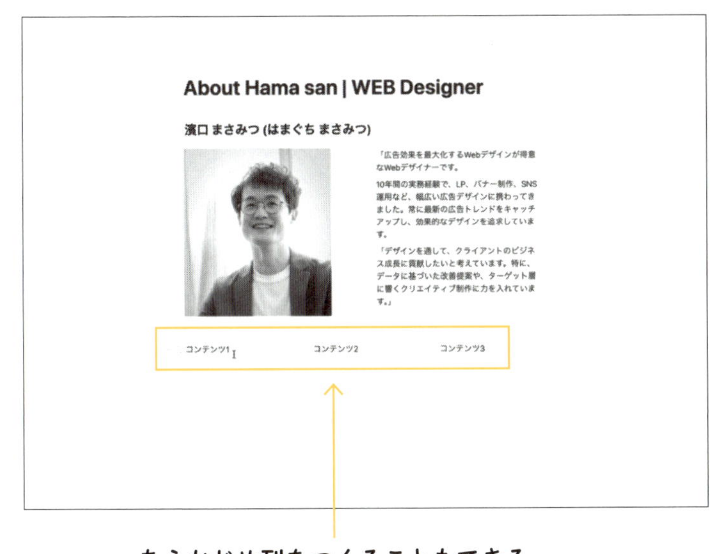

あらかじめ列をつくることもできる

経歴については、テキスト入力の際、「/→Bulleted list」を選ぶとリストで表示できます。

何か販売しているものがある場合は、まずバナー画像を追加し、「/→Add link」を選べば外部ページとリンクすることもできます。

同様にSNSアカウントを表示することもできます。「/→2column」「/→3column」などで小さな枠をつくって表示するといいですね。SNSアカウントを入力するときは「/→Embed」などで表示形式を選ぶこともできます。

SNSアカウントを入力するときは
「/→Embed」などで表示形式を選べる

手順3：作品ファイルを追加して整える

次に作品を見てもらうポートフォリ部分をつくります。

ポートフォリオはデータベースの形式で見せていくと管理しやすくなります。

データベース形式にすると、たとえばリンクで実際にそのバナーを使用しているページに飛べたり、いろいろな情報を追加することもできたりします。

まずタイトルをつけます。なんでもいいのですが、たとえばLPを紹介するなら「ランディングページ」、バナーを紹介するなら「バナー」など、紹介するものの名称をタイトルにつけるとわかりやすいのでおすすめです。

データベース形式にするには「ギャラリービュー」を選びます。

「/」を入力し、「Gallery view」を探してください。

ギャラリービューを
選んで表示

タイトルやタグ、実際のサイトのリンクも追加できます。リンクは実際に公開されているURLを入れておくと使われている様子が見てもらえるのでおすすめです。

画像は「/→image」で追加します。

タイトルはその画像の案件名などがわかるように。タグはLP、バナーなどのカテゴリを。画像は「/→image」で追加します

1つずつ探して入れ、探して入れ、とやってしまうと時間がかかるので、ポートフォリオに使いたい画像や情報をある程度用意しておいてどんどん入れていきます。

画像はトリミングもできますし、「リポジション」を使うと位置も変えられます。

このようにして、LP、バナーなどカテゴリに分けてつくっていきます。

ちなみに各カテゴリーの間に仕切り線を入れたいときは「/→Divider」で仕切り線を引くことができます。

手順4：カバー画像を入れて公開する

一通りできたら公開してみましょう。

ヘッダーのカバー画像が入れられるので、入れるとポートフォリオらしさが高まります。ヘッダー部分に表示される「Add cover」をクリックすると、Galleryですでに用意されている画像が選べたり、Uploadで自分が用意した画像をアップロードできたりします。「Unsplash」という機能では「Webdesigner」などの言葉を入力すると、それに合った雰囲気の画像を提案してくれるので、その中から選んでもいいでしょう。

Unsplashではイメージに合う画像を選ぶこともできる

ヘッダーが決まったら、「共有」という右上のボタンを押すと「ウェブ上に公開」というボタンが右に表示されるので、これを選ぶと公開できます。また、すぐにリンクも生成されます。

「共有」という右上のボタンを押すと公開できる

Web上に公開されていれば、紙の提案書を持っていなくても仕事のつもりで会ったわけではない人から「最近こういうことで困っていて」と言われたときにすぐにページを表示して説明できたりします。

Notionなら編集もとても簡単ですし、作品が増えてもどんどんアップするだけです。ぜひ気軽にポートフォリオをつくって活用しましょう。

○ Notionでつくったポートフォリオの見本サイト
（https://www.notion.so/bloom-land-42b/About-Hama-san-Web-Designer-1b0a79f85f5f800f9d64fdafe0eef578?pvs=4）

STEP 05

まとめ

- ブランディング力＝自分の強みをアピールする力
- ブランディングには自己分析が大事
- 自己分析した内容はポートフォリオにまとめる
- ポートフォリオの内容は、coconala や SNS のプロフィールにも使える
- coconala で「自分と似た属性の出店者」の顧客を分析すると、具体的なニーズが見えてくる

よく、「顧客のニーズがわからない」と言いますが、「自分の強み」が整理できていない人も多いです。自分はどんなことが得意で、何で喜びを感じるのか。どんな人にどんな仕事で貢献したいのかを分析してみましょう。

STEP

06

顧客を獲得する「提案書」のつくり方と使い方

ポートフォリオ＋提案書で売り込み力がアップする

ステップ5で自己紹介ツールとしてポートフォリオをつくりました。しかし、ポートフォリオだけでは、クライアントから「素晴らしいデザインだけど、具体的に何をしてくれるの？」と思われてしまいがちです。

そして、そう思われてしまっては意味がない。そこで役立つのが、**「提案書」**というツールです。

提案書では、デザイン案を提示するだけでなく、「なぜそのデザインなのか？」「それによりどんな成果が期待できるのか？」を論理的かつ明快に示します。つまり、**デザインにストーリーを補足できるのです**。

このストーリーがあれば、クライアントは「なるほど、このデザイナーならわたしたちのビジネスを助けてくれそう」と感じることができます。

また、ポートフォリオ自体も「つくって終わり」ではなく、提案書の一部として活用しましょう。単なる作品集ではなく、「過去にどのような成果を出したのか」を証明するエビデンスとして機能させるのです。

たとえば、ポートフォリオに載せたLPの画像に対して、

「この作品は、新規顧客の獲得に悩んでいたクライアントのために制作しました。トップページの構成を見直し、問い合わせフォームを目立つ位置に配置した結果、問い合わせ件数が30％増加しました」

というように一言添えるだけで、ポートフォリオは「課題解決の実績を示すカタログ」へと生まれ変わるのです。

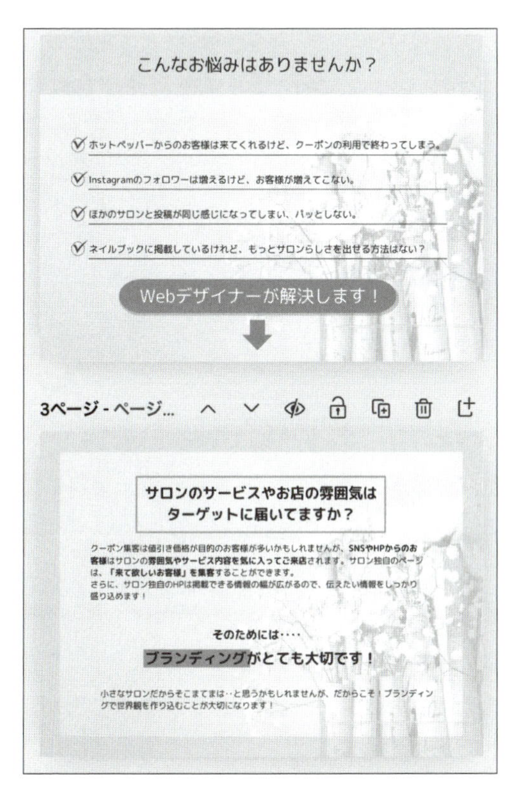

提案書の例

提案書をつくる

実際に提案書をつくってみましょう。

提案書のフォーマットは、「Canva」などであらかじめテンプレートをつくっておき、案件ごとに微調整すれば作業効率をアップできます。

- Canva
  (https://www.canva.com/ja.jp/)

誰でも簡単にデザインを作成できるオンラインのデザインツールです。SNSの投稿画像から資料作成まで無料でなんでもつくれます。

提案書を作成する際は、次の3つのポイントを明確にしましょう。**「誰に（対象）」「何を（内容）」「どのように（方法）」価値提供をするのか。この3つを具体的に整理することで、提案書の骨格が自然と形づくられます。**

①誰に（Who）
②何を（What）
③どのように（How）

①誰に（Who）

まずは提案書を見てもらう「ターゲット」を設定しましょう。

あなたが女性向けのデザインが得意で、女性向けのなかでもアパレルよりヘアサロン、ネイルサロンなど、サロン系の仕事経験が多いなら、たとえば、次のような人物像を想定できます。

年齢・性別 —— 39歳女性
職業 —— ヘアサロン経営者
悩み・目的 —— お店をもっと賑やかに たくさんのお客様に来てもらいたい

SNS・ツールの利用状況

- Instagram や Facebook を使っているが、集客用の投稿画像やバナー作成が苦手
- LINE で顧客とやりとりしているが、より自分のサロンらしい雰囲気を演出したい

ライフスタイル・好み

- 旅行が大好きで、時間があればよく出かける
- 暇なときは、つい Instagram のリールを見続けてしまう
- おしゃれなカフェでゆっくりお茶をする時間が楽しい
- 以前はギャル系のファッションやライフスタイルを楽しんでいた
- キラキラしたものや華やかな雰囲気が好き

上記のように、具体的な人物象を想定することで、より効果的な提案を考えやすくなります。

②何を（What）

ターゲットに合った具体的なサービスやツールを考えましょう。例として、次のようなものがあります。

- **ショップカード**
- **LINE用やSNS用の画像**
- **ホームページ（HP）**
- **お店のメニュー表**
- **チラシ**
- **看板**
- **ホットペッパー用の画像**
- **Instagram運用（普段の投稿、お客様の声を集めるアンケート、クーポン発行など）**

これら全部を用意するのは現実的ではありません。

また、すでにショップカードやチラシ、看板などの物理的な広告ツールは用意できているけど、HPやSNSがあまりできていない、もしくはこれから新規開店するところで、核となるデザインのコンセプトがなくて困っているなど、悩みはさまざまです。

想定されるターゲットの課題や悩みに合わせて、その都度、最適なツールやコンテンツを選びましょう。

③どのように（How）

最後に、「どのようにしてターゲットに価値を届けるのか」を考えます。

- **ヘアサロンのサービスを体験しながら、サロン経営者が抱える集客の悩みをヒアリングする**
- **その中で、特にInstagramの運営について困っている点をくわしく聞きとる**
- **課題に合わせたInstagram運用のコンサルティングを提案する**

たとえば、ターゲットがお客さまの質を上げたいと思っているのだとしたら、高級感あふれるデザインが必要になるでしょう。

開店したばかりで、まずは単価が低くてもいいからたくさんのお客さんに来てもらい、認知してほしいと思っているなら、親しみやすいデザインのほうがいいはずです。

また、隠れ家サロンならInstagramを使った集客で十分かもしれませんし、まずは認知をということであればホットペッパーなどの運用も必要です。

それらのニーズを汲みとって、「私ならこんなことができる」ということを提案するのです。

ターゲットが「欲しい」と思っている情報を、必要なタイミングで、使いやすい形で届けることが大切です。

ターゲットに適したサービス内容やプロモーション方法を考え、それをわかりやすく整理することで、より効果的な提案書が仕上がります。重要なのは、「誰に・何を・どのように価値提供するのか」を明確にすること。これは、提案書作成の基本であり、成果につながるアプローチです。

クライアントに刺さる提案書に仕上げる

内容を整理したら、提案書に落とし込みます。**提案書のポイントは、「そのデザインを採用すると顧客のビジネスはどうよくなるのか？」を数字や事例で示すこと。**

単にデザインがきれい、カッコいいだけではクライアントにとっては魅力的に映らないので気をつけてください。

提案書には、次のような具体的な項目をわかりやすく示しましょう。

- **ビフォー／アフター（既存HPやSNSのフォロワー数、成約率がどう変わるのか）**
- **具体的な施策（ページデザインやサポート体制）**
- **投資対効果（制作費用に対して得られるリターン）**

ここまでお伝えしてきたように、「相手の売上が上がるストーリー」をどこまで描けるかが肝です。

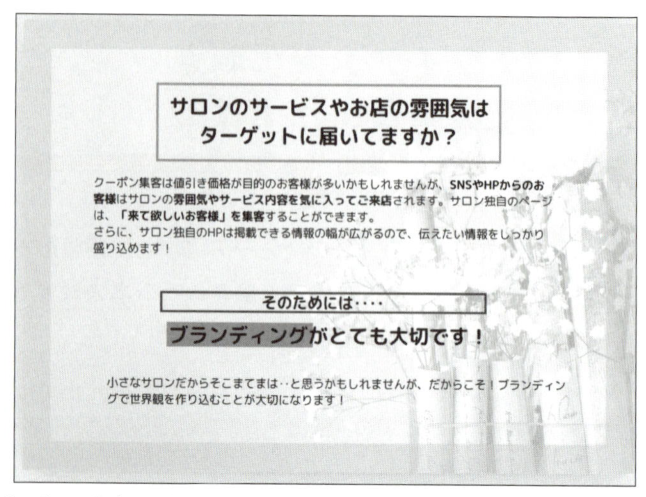

自分の強み＝「ブランディング力」を打ち出した提案書です

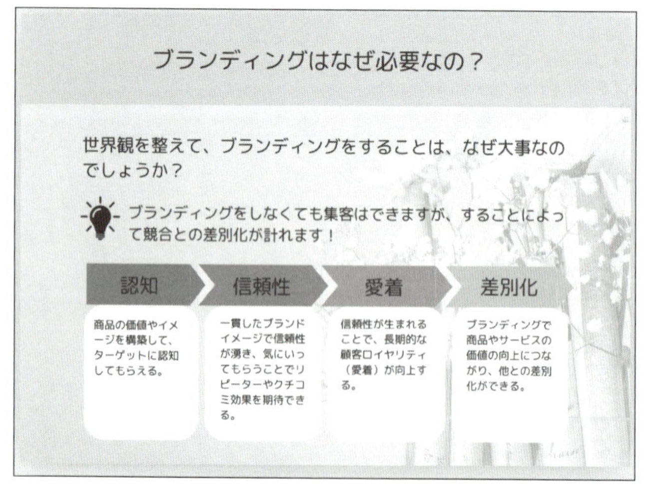

クライアント（ブランディングへの意識が低く集客に悩むサロン経営者と設定しました）にブランディングの必要性を説明するページです

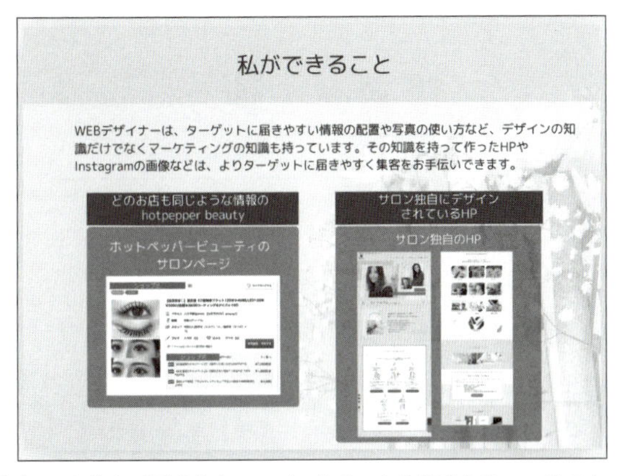

独自のデザインを使えば訴求力をアップできることを説明するページです

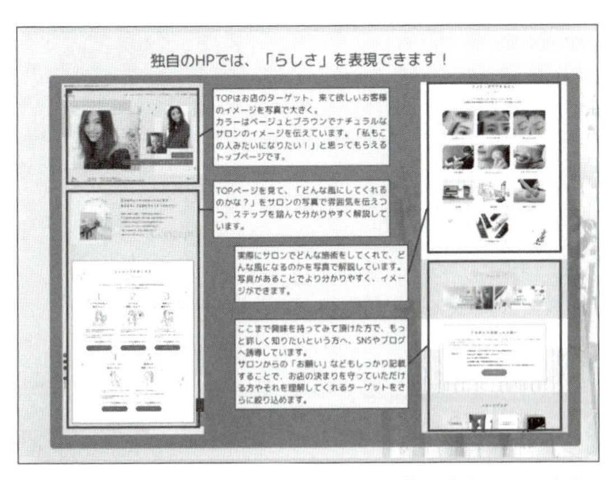

どんな工夫を凝らせるのかが、一目でわかるように1枚にまとめています

これらの画像のように、クライアントが必要としている情報をまとめた提案書が1つあれば、提案から契約までを非常にスムーズに進めることができます。

提案書を使う

提案書が完成したら、実際に使っていきます。

とはいえ、いきなりSNSのDMで「これができます！」と売り込むのは逆効果です。積極的な姿勢はビジネスには大切ですが、積極的すぎて引かれてしまうと、相手に話を聞いてもらうまでのハードルが高くなってしまいます。

まずは、**イベントやコミュニティ、異業種交流会など、人と気軽につながれる場に参加してみましょう。**参加者に関心を持ち、さりげなく悩みや課題を聞き出します。

そして、「今度、Zoomでお話ししませんか？」と提案し、じっくり話せる機会をつくります。雑談を交えながら「あなたのビジネスをさらによくする方法を考えてみました」と、具体的に提案書を使ってプレゼンしてみましょう。

コミュニティに所属していないし、異業種交流会に行ったこともない、という人も多いかもしれません。実際、わたしの生徒さんでも「そんなところは行ったことがない」という方も多くいらっしゃいます。

そんな方におすすめなのがFacebookのグループや「こくちーずプロ」。わたしは、初心者の方には特に「こくちーずプロ」をおすすめしています。

○ こくちーずプロ（https://www.kokuchpro.com/）

なぜなら全国津々浦々、リーズナブルな異業種交流会の情報がよく告知されているから。

キーワード、開催場所、日程などを入力すればその日程の情報が表示されます。キーワード部分に「異業種交流会」と入れてください。

もちろん、そこで出会った人にその場で急に提案書を見せるのは難しいかもしれません。でも一応、名刺と提案書を持っていって、まずは名刺交換ができれば上出来です。相手があなたの仕事内容に興味を示してくれたら提案書を渡して帰ればいいのですが、なかなかそういうケースは稀です。

提案書は渡せなかったという場合は後日お礼のメールなどを送り、「情報交換の時間をいただきたい」と提案して、個別に会う機会を設けてもらいます。そこで相手の困っていることやニーズを聞いたら、その内容に合わせた提案書を送ると、案件獲得に結びつくことは多いものです。

相手が何に困っていて、どんなことを必要としているか。**こうしたストーリーを意識して提案書を届けると、相手の受けとり方がガラッと変わります。**

ですから、提案書は無理して初対面で渡す必要はなく、ある程度関係性を築いてから渡すほうが得策です。

ほかにもある、おすすめのビジネスコミュニティ

ちなみに、コミュニティやコミュニティへの参加を募るサイトはほかにもいろいろあるので、気軽に試してみて自分に向いているコミュニティやサイトを選んでください。特に、有料でもよければビジネスに強い「ビジネスコミュニティ」というものもあったりします。

ビジネスコミュニティで有名なのは、たとえば「yenta」などもありますし、最近では、経営層にリーチできることが売りのビジネスマッチングアプリなども増えています。

- yenta (https://page.yenta-app.com/)

⇨ 経営層リーチ型のビジネスマッチングアプリの例

- Linker (https://lnkr.jp/)

「気軽には参加できない」「知っている人からの紹介がいい」「でも知っている人でコミュニティに参加している人はいない」というようなときは、わたしのオンラインコミュニティから参加してみたり、わたしに質問をしてもらったりしてもOKです。

自分に頼むメリットを明確にする

「営業」という言葉に抵抗を感じる人は多いですが、「営業＝相手の問題を解決すること」と考えると挑戦しやすくなります。相手の問題を知り、解決策を提案する姿勢こそが「営業」であり、Webデザイナーに求められる「売り込み力」なのです。

何でもかんでも「これができます！」とアピールするのではなく、相手が本当に必要としていることを見極めて売り込むことが大切です。

最後に、あなたが忘れてはいけないのは、「なぜクライアントにはあなたに仕事を頼む価値があるのか」をつねに明確にしておくことです。これがつねにはっきりしていることで、クライアントは「この人に頼めば自分の問題が解決する」と信頼しやすくなります。

「なんでもできます」よりも、特定の問題に対して『これが得意です』と言い切るほうが、相手にとってわかりやすく、「まさに探していた人だ！」と感じてもらえるのです。「デザインで問題をどう解決したのか」を言語化して提案書に落とし込む。そこから実績を積むことであなたは「稼げるWebデザイナー」へと成長できます。

STEP
06

まとめ

- 提案書をつくっておくと提案〜契約までがスムーズになる
- 提案書は基本のフォーマットをつくっておき、
ターゲットに合わせてアレンジする
- 提案書は「誰に」「何を」「どのように」を明確にする
- 提案書には「ビジネスがどうよくなるか」を
数字や事例で具体的に示す
- 提案書は初対面で急に渡そうとしない。
関係を構築してからでOK

提案書をつくっておくと、お客さまの
必要な情報を1度に説明できるので
とても便利です。お客さまごと、
案件ごとにゼロからつくろうと思うと
気が重いですが、最初にフォーマットを
つくっておくと効率的です。

STEP
07

稼げる「SNSアカウント運用」を覚えよう

「インスタ運用代行」という新たな稼ぎ方

稼げるWebデザイナーになるには、対応できる仕事の範囲を広げ、多くの案件をこなすことが重要です。そこでステップ7で紹介するのが、**「Instagramのアカウント運用代行」**の仕事です。

いまやSNSを活用したマーケティングは、企業や個人事業主にとって欠かせない戦略の1つです。その中でもInstagramは、視覚的な魅力が大きな影響を与えるプラットフォームです。そのため、デザインの見せ方を熟知したWebデザイナーが運用を手掛ければ、他と圧倒的な差を生み出せるのです。

➡ 具体的な仕事内容

● 画像制作

Canvaなどのツールを使いながら、キャンペーン画像やストーリーズ、リール、プロフィールなどの投稿用の画像を作成します。もともとデザインができる人なら、ブランディングを意識したオリジナル要素を加えることが可能です。

AITECH_WEBDESIGN

著者が運営しているAITECH SCHOOLのアカウントで実際に使用したキャンペーン画像の例

○ 定期投稿

投稿スケジュールの管理や文面作成、ハッシュタグの選定などを行ないます。ここで重要なのは、クライアントの顧客ターゲットのニーズや関心事をリサーチすること。どんなタイミングで、どんな内容の投稿が求められるのかを分析することで、フォロワー数やエンゲージメント率（いいね数・コメント数など）を効果的に増やしていきます。

著者がInstagramで実際に発信したリールの例。仕事に関係する内容を積極的に投稿することで認知度が高まる

○ リーチの分析・効果測定

反応がよい投稿、伸び悩んだ投稿を比較して、次の施策を決めます。数値の変化を見るだけではなく、「なぜ伸びた（または伸びなかった）のか」を仮説→検証→改善のサイクルで繰り返すと、よりレベルの高い運用代行を提供できるようになります。

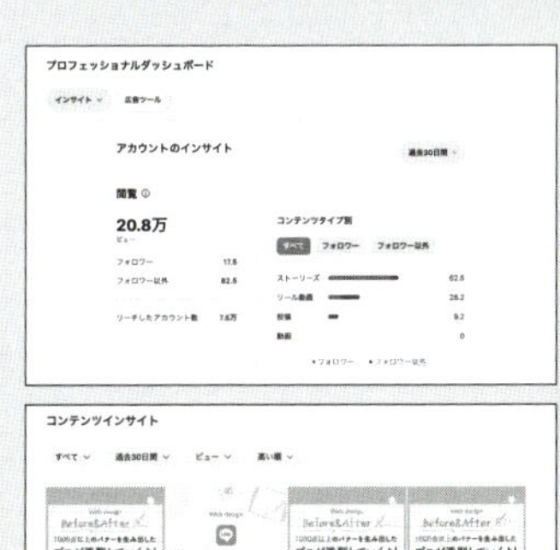

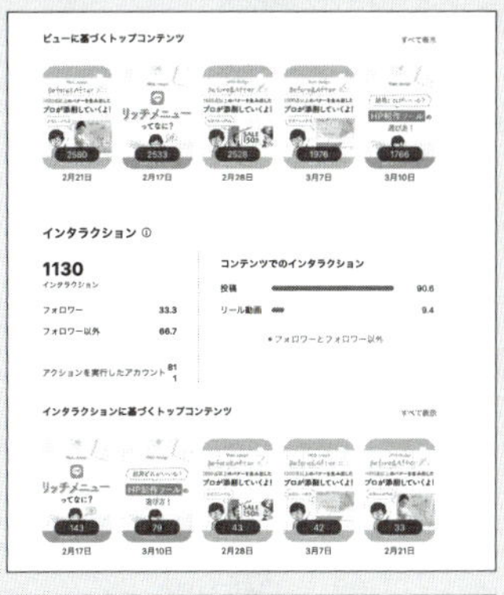

プロフェッショナルダッシュボードに各種インサイトが表示されるので、効果測定、分析、新たな提案が可能

まず自分のアカウントを運用してみる

「いきなり他人のアカウントを扱うのは不安……」という方は、まずは自分のアカウントを運用してみましょう。どんな投稿がよく見られているのか、興味を引くのかを日々リサーチすることで成功パターンや改善点がわかってきます。

「自分のアカウントの運用」と一口に言っても何をすればいいのか、と思いますか？

わたしがステップ5で「インスタ（SNS）はポートフォリオとしても使える」と書いたことを思い出してください。そう、Webデザイナーとしてのあなたを PR する自分のインスタを運用してみればいいのです。

そのためには何が必要でしょうか？

ここでもやはり、最初にすべきは、プロフィールの作成です。Webデザイナーであり、どんなジャンルが得意かなどを記入しましょう。ポートフォリオや、あればご自分のWebサイトへのリンクなども掲載します。

クライアントを意識したプロフィールをつくります

次に投稿です。投稿の中身は動画やテキストを適宜作成しなければなりませんが、加えて面倒なのが投稿画像です。投稿内容に合わせていちいちつくっていると案外時間がかかってストレスになります。ですから、トップページの投稿カテゴリに表示される効率的に投稿できるように、最初にテンプレートをつくっておくといいでしょう。

投稿のバナーです。テンプレートを使い、効率的に投稿できるようにします

テンプレートは、「Canva」で作成するのがかんたんでおすすめです。テンプレートを活用することでデザインの統一感も生まれ、閲覧者にとっても見やすいアカウントになります。

発信する内容には明確なターゲットを設定し、そのターゲットに響くテーマ・デザインを意識しましょう。

たとえば、「文字サイズは大きめがよいか？」「色合いはどんなものが目に留まりやすいか？」といったデザインの基本を、自分のアカウントで試しながら調整してみてください。**運用実績があるとクライアントへの提案時に説得力が増します。自分のアカウントを実例として見せることで、「この人なら安心して任せられる」と信頼を得やすくなります。**

また、Instagramで集客をしようとすると、当然のことながら、さまざまな工夫が必要になります。この集客のハウツーに関しては、「インスタ集客」などで検索すれば書籍も多く出ていますし、無料セミナーなどもしばしば開催されており、数行で書き切れる内容ではないため、極めたい方はぜひ書籍やセミナーなどで調べてください。

ここではごく一般的に言われていて、実践してわたしも効果があったと感じたことをお伝えします。最初に試していただくとよいのは次の4つです。

①コンテンツを増やす
②高頻度で定期的にアップする
③ストーリーズ機能を活用する
④ハッシュタグを使用する

順番に説明します。

①コンテンツを増やす

これはインスタに限らず、SNSで集客をしたいなら基本ですが、コンテンツがないところを人は見にきてくれません。ですからまずはコンテンツを増やします。コンテンツは、自分のインスタの場合はおのずとWebデザインに関係することになります。「こんな仕事をしているよ」「こんなものをつくったよ」という紹介でいいでしょう。**ただし、クライアントに納品したものを勝手にアップしないように気をつけてください。**

②高頻度で定期的にアップする

これも基本中の基本ではありますが、5日に1回不定期にアップだと、なかなかフォロワーは増えてきません。「1 コンテンツを増やす」にも通じますが、できれば毎日、忙しいときでも2日に1度、決まった時間に投稿するといいでしょう。時間帯については、ご自分のクライアントが見ていそうな時間を想像して工夫してみてください。**いつもより「いいね」が多くついた、多く見られた時間帯などが見つかれば、その時間帯での投稿を心がけるとよいはずです。**

③ストーリーズ機能を活用する

よく、「ストーリーズはどこに拡散されるかわからないから使わない」という人がいます。プライベートのアカウントならそれでいいのですが、自分の仕事を紹介するアカウントなので、ぜひストーリーズは活用してください。「どこに拡散されるかわからない」からいいのです。

④ハッシュタグを活用する

「ハッシュタグのセンスがないから」とつけない人がいますが、ハッシュタグにセンスはいりません。まず、既存のハッシュタグを検索して探してください。インスタの海にすでに漂っているハッシュタグを借りればいいのです。**ハッシュタグで検索する人は多いですから、必ずつけてください。**

そのほか、お伝えしたいことはいろいろあるのですが、最低限、基本を押さえるとしたら、まずはこのあたりからはじめてみてください。

もっとくわしく知りたい方は、わたしのオンラインスクールでも講座がありますから参加してみてください。

Instagram運用の例
AITECH SCHOOL
（https://www.instagram.com/aitech_webdesign）

コミュニティを上手に活用して集客しよう

ここまでSNS運用の方法について必要最低限のことだけに絞って説明してきましたが、皆さんが疑問に思うことは「やり方はわかったけど、どうやってそういう案件をとってくるの？」ということではないでしょうか？

そう。何度か述べてきた**「顧客の見つけ方」**問題です。そこで、改めてコミュニティを活用した集客についてご紹介します。

たとえばWebデザイナーになったばかり、バナー画像、LP制作などを請け負いたい、数をたくさん請け負って稼ぎたいという場合は、coconalaのようなスキルマーケットやInstagramなどSNSでの集客はとても有効な手段です。

でもWebサイト制作やSNS運用といった手間も時間もかかり、金額も大きいものになってくると、coconalaやSNS経由で知らない人に依頼しようという人は少なくなってきます。

こういった大型案件は、**信頼する人に頼むことが多い**のです。ではどうするかというと、時間はかかりますが「交流会やコミュニティを通じて定期的に顔を合わせて信頼構築していく」のが結局一番の近道です。

ポートフォリオができたら、「こくちーずプロ」などで探して異業種交流会に行ってみましょう、と、ステップ5で説明しました。

この交流会はぜひチャレンジしてください。わたしも人見知りなので初対面の人は苦手なのですが、Webデザイナーをはじめた当初から、がんばっていろいろなところに出かけています。**「初対面の人と話すのは苦手」という人におすすめなのは、「趣味のコミュニティ」に参加することです。**

異業種交流会、経営者交流会などだと、話題はどうしてもビジネスになりがちです。初対面の人と話すのが苦手なのに、いきなりビジネスの話題だとさらにハードルが上がります。

でも、自分がもともと興味、関心を持っていることや映画、音楽、スポーツなど趣味の交流会であれば、そこに集まる人はみんな同じ興味、関心、趣味を持った人です。

最初は趣味の交流をしながら、だんだん仲よくなるにつれ、自分のプライベートや仕事についてお互いに開示するようになる。それを続けているうちに、ある日「そういえば仕事で困っているんだけど」と相談が来たりします。

趣味も特にないという人は、「同業者のコミュニティ」もおすすめです。「同業者と知り合って何になる？」と思われるかもしれませんが、自分の苦手分野を得意な人がいれば苦手な案件が来たときにその仕事を紹介してあげると、ある日お礼で別の案件を紹介してもらえたりします。ほかにも急ぎの案件を協力したり、ゆるやかなチームのように働ける仲間ができたりします。

関係構築のためには「まずはギブ」の姿勢で

コミュニティで知り合った人と関係を構築し、案件につないでいくには、ポイントが2つあります。

- **まずはギブの姿勢で接する**
- **突然仕事の提案をしない**

それぞれ説明しましょう。

「まずはギブの姿勢で接する」は、相手が誰であれ、最初は自分の知っていることを何でも教えてあげるというスタンスで接してください、ということです。顧客候補の人にでもSNS集客の方法を1から10まで話す。同業者でもわからないと聞かれたことは懇切丁寧に教えるなどです。**「そんなことをしたらノウハウだけとられちゃう」と心配になるかもしれませんが、ノウハウを知っていることと実践できることの間には天と地ほどの差があります。**

全部教えてあげたあとに「やり方はわかったんだけど、やってくれる人を探していて」というような話になることはよくあります。

次の**「突然仕事の提案をしない」**は当たり前で、わたしはよく「いきなり告白してはダメ」という例を出すのですが、知らない人にいきなり「ずっと見ていました。好きです」とか言われると怖いですよね？　クライアントも一緒です。コミュニティでたまたま知り合った人から「あなたの会社のSNSを拝見したんですけど、わたしが運用すればもっとよくなります」といきなり言われると怖いです。

最初は自己紹介をし、趣味の話をし、やりとりを重ねて信頼関係が構築できてから、「わたしはこういう仕事をしていて」と話せばいいのです。もしくは、信頼関係が構築できてきたら相手のほうから「こういうことができる人を探していて」と相談されることもあります。**つまり、仕事の話ができる関係をまずは構築することが大切です。**

また、最近ではSNS上の交流会もあり、ネット上のやりとりで完結することはよくあります。でも、そんな時代だからこそリアルで会っておくと強い、ということもお伝えします。

わたしも結局、リアルでつながっている人から定期的に案件の相談を受けることが多いです。リアルでつながっているリピーターさんだと料金設定などもすでにご存知なので、1から料金の説明をしなくてもよい、どんなテイストが好きかわかっているなど、メリットが多くあります。

人づきあいが苦手だと、どうしてもリアルではなくSNSで済ませたくなってしまうのですが、あえてリアルの交流会に参加することで、息の長い関係が構築できます。

デザイナーに求められるのは「集客の仕組みづくり」

Instagramのアカウント運用代行にとどまらず、Webデザイナーが関わる領域は実はもっと広がっています。それは、マーケティング全般にまで及びます。バナーやチラシ、名刺のデザインなど、従来の単発案件はどうしても収益が不安定になりがちだからです。

そこで、より一歩進んだ役割として、クライアントの**「集客の仕組み」全体を設計する仕事があります。**これは、単なるデザイン業務にとどまらず、マーケティング戦略の視点からビジネスの成長を支える重要な役割を担います。

⇨ クライアントの集客の仕組みを構築する

バナーのデザイン
SNS広告やWebサイト用バナーでユーザーの興味を引く

LP（ランディングページ）のデザイン
広告から誘導されたユーザーを、
魅力的なページでアクションに導く

LINE登録
LPからLINEに登録してもらい、
継続的なコミュニケーションを確保する

購買まで
定期的な情報発信やキャンペーンで、
商品・サービスの購入や申し込みへとつなげる

この一連の流れをトータルで考え、提案できるWebデザイナーが重宝されているのです。デザインだけではなく、プロモーションの手法やマーケティングの考え方も取り入れてトータルサポートを提供することで、継続的な仕事を増やしていく作戦です。

もちろん、「これはデザイナーの仕事なのか？」と素朴な疑問を持つ方がいるかもしれません。確かに、ここまで業務範囲を広げると、マーケターやSNSコンサルの領域といえるでしょう。

しかし、稼げるWebデザイナーというのは多くの場合、デザインを使ってクライアントの要望を叶える総合的なスキルを持ち合わせています。単発の案件だけでは終わらない継続的な仕事を得るには、マーケティングの総合プロデュース的な能力が欲しいところです。いきなりこの段階に入るのは難しいですが、デザインに関わる仕事の拡張性は理解しておきましょう。

具体的な「集客の仕組みづくり」のステップを知りたい人、実際にやってみてわからないことが出てきた人は、読者特典サイトからメルマガ登録することで、メールが送れるようになるので、よかったらわたしに直接相談してください。

読者特典サイト
(https://media.aitechschool.online/books/)

価値を提供できる＝継続的に稼げる

クライアントが本当に欲しいのは、カッコいいバナーやきれいなLPそのものではなく、集客から購買まで、ビジネス成果につながる「仕組み」です。**Webデザイナーが、「デザインのみ」から「デザイン＋マーケティング」に視野を広げると、提供できる価値が格段にアップするのです。**

「Instagramのアカウント運用代行で新たな売上をつくる」
「バナーやLPのデザインから、顧客のリスト獲得や購買までをトータルサポートする」

こうしたアプローチは、単発のデザイン案件の繰り返しよりもずっと継続的に大きな収益を得やすいのです。
「デザイナーだけど、なんとなく収入が安定しない……」と悩んでいた方は、ぜひ一度、マーケティング視点を取り入れてみてください。
こうした「＋αの視点で稼ぐ方法」があなたのキャリアの幅を広げ、価値を高めるきっかけになれば幸いです。

STEP
07

まとめ

- Instagram の運用代行は大きく稼ぐことも可能
- 投稿するコンテンツの作成だけでなく、
＋αで効果測定なども提案しよう
- 要素のデザインだけでなく、集客の仕組みづくりを
提案できるデザイナーになる
- 新規開拓はコミュニティへの参加でうまくいく
- 「仕事がほしい」ときこそギブの精神で

Web デザインだけで稼ごうとすると、
どうしても「数の勝負」に
なりがちです。そうではなく、
Web デザイナーが売れる
仕組みをつくり、提案することで、
数ではなく質で
勝負できるようになります。

濱口まさみつ（はまぐち　まさみつ）
Webデザイナー／フリーランス育成メンター。
岡山県立大学デザイン学部卒業。デザイン事務所勤務ののち転職。働きながらWebデザインの仕事を副業で始め、独立。現在はWeb制作会社を運営しながら、オンラインスクールAITECH SCHOOLを運営し、Webデザイナーの育成をしている。また、スキルシェアサービス「MENTA」を中心に、実践的なノウハウを教えるメンターとしても活動中。丁寧にWebデザインの技術を教えるとともにプラットフォームでの作品のポートフォリオ設計や仕事の取り方、稼ぎ方までもフォローし、デザイナーを目指す人々をサポートしている。著書に『副業でもOK!　スキルゼロから3か月で月収10万円　いきなりWebデザイナー』（日本実業出版社）がある。

生成AI、ノーコードツールでスキルアップ
稼げるWebデザイナー

2025年 5 月10日　初版発行

著　者　濱口まさみつ ©M.Hamaguchi 2025
発行者　杉本淳一

発行所　株式会社日本実業出版社　東京都新宿区市谷本村町3-29　〒162-0845
編集部　☎03-3268-5651
営業部　☎03-3268-5161　振　替　00170-1-25349
https://www.njg.co.jp/

印刷・製本／リーブルテック

ISBN 978-4-534-06186-7　Printed in JAPAN

日本実業出版社の本

下記の価格は消費税(10%)を含む金額です。

副業でもOK!　スキルゼロから3か月で月収10万円

いきなりWebデザイナー

濱口まさみつ

定価 1650円(税込)

スキルが低くても受注しやすいバナー、1つ受注すると利益が大きいLPやHP制作など、Webデザインは始めやすい・稼ぎやすい職業。Webデザイナーにいきなりなってラクラク稼ぐ方法を教えます。

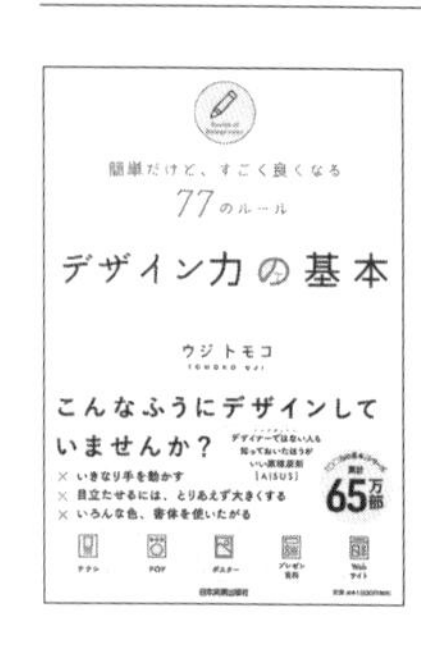

簡単だけど、すごく良くなる77のルール

デザイン力の基本

ウジ トモコ

定価 1650円(税込)

初心者がよくやりがちなダメパターン「いきなり手を動かす」「とりあえず大きくする」「いろいろな色、書体を使う」などを避けるだけでプロっぽく！　知っておきたいデザインの原理原則。

朝15分からできる!　人生が変わる!

週末アウトプット

池田千恵

定価 1760円(税込)

平日のインプットを週末の「書く・話す・作る・動く」の4ステップで価値に変える！　いまの時代に必要な、自分のキャリアを複線化してやりたいことをするためのアウトプット法をお教えします。

定価変更の場合はご了承ください。